马海峰 **主编**　关明山 桑海涛 **副主编**

C程序设计
实用教程

清华大学出版社
北京

内 容 简 介

"C程序设计"是高校普遍开设的计算机入门级语言课程。本书编写的目的在于,以C语言为载体,以循序渐进、深入浅出的风格使读者了解计算机程序设计的基本思想,包括使用计算机解决实际问题的基本算法、数据的表示、模块化设计以及结构化编码。

全书内容体系较完整,考虑到初学者的基础,尽量提供翔实的示例,并遵循以知识点例题说明和综合性实例相结合的思想,力求做到既能照顾到基础知识的学习,又能满足对C程序设计有更高要求读者的学习需求。

本书可作为高等学校计算机专业和非计算机专业学习C语言程序设计的教材,也可作为参加全国计算机等级考试二级C语言读者的学习参考书。

图书在版编目(CIP)数据

C程序设计实用教程/马海峰主编. —北京:清华大学出版社,2019.9(2024.7重印)
ISBN 978-7-302-53814-1

Ⅰ. ①C… Ⅱ. ①马… Ⅲ. ①C语言—程序设计—教材 Ⅳ. ①TP312.8

中国版本图书馆CIP数据核字(2019)第205573号

责任编辑:张瑞庆 常建丽
封面设计:常雪影
责任校对:焦丽丽
责任印制:丛怀宇

出版发行:清华大学出版社
网 址:https://www.tup.com.cn,https://www.wqxuetang.com
地 址:北京清华大学学研大厦A座 **邮 编**:100084
社 总 机:010-83470000 **邮 购**:010-62786544
投稿与读者服务:010-62776969,c-service@tup.tsinghua.edu.cn
质量反馈:010-62772015,zhiliang@tup.tsinghua.edu.cn
课件下载:https://www.tup.com.cn,010-62795954
印 装 者:涿州市般润文化传播有限公司
经 销:全国新华书店
开 本:185mm×260mm **印 张**:13.75 **字 数**:332千字
版 次:2019年11月第1版 **印 次**:2024年7月第2次印刷
定 价:39.00元

产品编号:078861-01

前　言

FOREWORD

C语言是目前国际上流行多年的一种结构化程序设计语言。它以功能丰富、表达能力强、使用灵活方便、应用面广、效率高等优点深受广大程序开发人员青睐，不仅适合开发系统软件，而且适合开发应用软件和进行大规模科学计算，因此C语言在开发和教学中都得到了广泛应用。

本书共分11章，诠释了C语言的基础语法知识以及C语言的核心内容，包括C语言的概述、算法的描述以及数据的表示等基本内容，以及程序设计的顺序、选择、循环三大结构，重点介绍了数组的运用、函数的概念及编写、指针的定义及引用、自定义数据类型的定义及使用，最后说明了数据持久化的文件操作和编译预处理知识。

本教材具有如下特色：①作为一门专业基础课教材，有别于专业技能课教材，主线上沿袭理工科课程以“学科体系”为线索的指导思想，即在教材内容的知识结构上，依然以概念、定律、定理为线索的编写体系。②为了满足“以能力为中心”的培养目标要求，本教材改变传统基础课教材的编写方法，在掌握必需的理论知识的基础上，突出技术的综合应用能力培养，加强实践操作和技能训练，大部分章都设计了一个小型案例。精心设计的案例，使学生的学习重心从“学会知识”扩展到“学会学习、掌握方法和培养能力”上。

本书的编者都从事C语言教学多年，对所用C语言讲义进行了精心的总结、修改和整理，并参考了大量相关资料编成本书，其内容丰富，结构合理，实践性强，深入浅出，既注重理论知识，又注重程序设计方法的训练，突出了实践性与实用性。本书选择Dev-C++作为C程序的集成开发环境，所有程序和实例都在该集成开发环境逐一运行通过。

本书由马海峰任主编，关明山、桑海涛任副主编。其中，第1、3、11章由马海峰编写，第6～8、10章由关明山编写，第2、4、5、9章由桑海涛编写。在本书的编写过程中，编者所在学校多名教师提出了许多宝贵意见和建议，本书的出版得到编者所在学校领导的大力支持，在此一并向他们表示衷心的感谢。

尽管作者在本教材的编写方面花费了较多心血，但由于水平所限，不当之处恳请各位读者批评指正。

作　者

2019年5月

目 录

CONTENT

第 1 章 C程序设计概述

C语言是一种结构化编程语言，具有层次清晰、效率高、可移植性强、易于调试和维护的特点。它具有丰富的数据类型，便于实现各类复杂的数据结构；它还可以直接访问内存的物理地址，实现对硬件的编程操作，因此C语言集高级语言和低级语言的功能于一体，既可用于系统软件的开发，也适合于应用软件的开发。C语言被广泛移植到各种类型的计算机上，形成多种版本的C语言。本章介绍计算机语言和程序基础知识、C语言的发展简史及特点，并通过实例说明C语言程序的结构和书写规则，以及Dev-C++集成开发环境的基本操作。

1.1 计算机语言和程序

1.1.1 计算机语言和程序的含义

人们需要通过语言进行交流，不同国家有不同的语言，使用相同语言的人可以顺畅地沟通。同样，人和计算机交流也要使用计算机和人都能识别的语言，这就是计算机语言(computer language)，即用于人与计算机通信的语言。计算机语言是人与计算机之间传递信息的媒介。计算机系统的最大特征是指令通过一种语言传达给机器。为了使电子计算机进行各种工作，需要有一套用于编写计算机程序的数字、字符和语法规则，由这些字符和语法规则组成计算机各种指令(或各种语句)，这些就是计算机的语言。

计算机程序也称为软件(software)，简称程序(program)，它是指一组指示计算机或其他具有信息处理能力装置执行动作或做出判断的指令，通常用某种程序设计语言编写，运行于某种目标体系结构上。例如，一个程序就像一个用汉语(程序设计语言)写下的某种菜谱(程序)，用于指导懂汉语的人做这道菜。

1.1.2 计算机语言的发展

计算机语言经历了机器语言、汇编语言和高级语言3个发展阶段。

1. 机器语言

1946年2月14日，世界上第一台计算机ENIAC诞生，使用的是最原始的穿孔卡片。这种卡片上使用的语言是只有专家才能理解的语言，与人类语言差别极大，这种语言称为机器语言。机器语言是第一代计算机语言。这种语言本质上是计算机能识别的唯一语言，人们难以学习和记忆，以后使用广泛的高级语言就是在这个基础上简化而来的。如计算机的

指令长度为16,即以16个二进制数(0或1)组成一条指令,16个0和1可以组成各种排列组合。例如,用

1011011001010000

让计算机进行一次加法运算。人要使计算机知道和执行自己的意图,就要编写许多条由0和1组成的指令。显然,这种机器语言程序是很难阅读和理解的。

2. 汇编语言

计算机语言发展到第二代,出现了汇编语言。汇编语言是一种符号语言,是在机器语言基础上直接发展起来的一种面向机器的低级语言。汇编语言用助记符代替机器指令的操作码,用地址符号或标号代替指令或操作数的地址,这样就用符号代替了机器语言的二进制码。

在汇编语言中,汇编语言克服了机器语言难读、难编、难记和易出错的缺点,同时由于汇编语言的每一条指令都与机器语言的指令保持着一一对应关系,所以可方便地对硬件进行控制和操作。使用汇编语言编写的程序,机器不能直接识别,还要由汇编程序或者汇编语言编译器转换成机器指令。汇编程序将符号化的操作代码组装成处理器可以识别的机器指令,这个组装的过程称为组合或者汇编。

汇编语言像机器指令一样,是硬件操作的控制信息,其仍然是面向机器的语言,使用起来还是比较烦琐、费时,通用性也较差。但比起机器语言,这种方式的可理解性明显提高,编写也更容易。汇编语言是计算机语言发展史的重要阶段,是机器语言向更高级语言进化的桥梁。汇编语言用来编制系统软件和过程控制软件时,其目标程序占用内存空间少,运行速度快,有高级语言不可替代的用途。

3. 高级语言

因为汇编语言依赖于硬件体系,且助记符量大难记,顺应时代发展,20世纪50年代中叶,计算机语言发展到第三代,即高级程序语言(high-level programming language)。

相比汇编语言,它更简洁,其语法和结构更接近于自然语言(如汉字、不规则英文或其他外语),也更容易阅读和理解,且由于远离对硬件的直接操作,使得一般人经过学习之后都可以编程。由于早期计算机业的发展主要在美国,因此一般的高级语言都是以英语为蓝本。

计算机是不能直接执行高级语言程序的,必须翻译成二进制程序代码,才能在机器上运行。高级语言的翻译程序有两种方式:一种是先把高级语言程序翻译成机器语言(或先翻译成汇编语言,然后由汇编程序再次翻译成机器语言)表示的目标程序,之后再连接成为可执行文件,然后在机器上执行,这种翻译程序称为编译程序。多数高级语言如FORTRAN、Pascal、C等都采用这种方式。另一种是逐句翻译高级语言源程序,一边解释,一边执行,不产生目标程序。这种翻译程序称为解释程序,如BASIC就采用这种方式。

早期的计算机语言有BASIC、FORTRAN、ALGOL、COBOL和Pascal等,现在人们很少用,除非是既有的软件系统使用这些语言,或者一些人想使用现成的程序或软件,才会使用这些语言。

高级语言至今仍在发展,目前流行的高级语言有C、C++、Java、JSP、PHP、C#和Python等。现在的软件开发更多地使用C++语言和Java语言,在开发Web应用软件时会使用JSP语言和PHP语言等。随着面向对象技术的广泛普及,Java语言受到很多人的青

睐，这是由于Java语言编程效率高，降低软件开发成本，不需要考虑存储的分配与回收等程序细节，编写出来的程序更具有健壮性，但是也一定程度上付出了运行效率的代价。C++语言则介于C语言和Java语言之间，也是面向对象的计算机语言，同时具有编程效率高和运行速度快的特点。

1.2　C语言简介

1.2.1　C语言的发展历史

C语言的原型是ALGOL 60语言。1963年，剑桥大学将ALGOL 60语言发展成为CPL(combined programming language)。

1967年，剑桥大学的Matin Richards对CPL进行了简化，于是产生了BCPL语言。1970年，美国贝尔实验室的Ken Thompson对BCPL进行了修改，并为它起名为“B语言”，并且他用B语言写了第一个UNIX操作系统。

1973年，美国贝尔实验室的D. M. Ritchie在B语言的基础上最终设计出一种新的语言，他用BCPL的第二个字母作为这种语言的名字，这就是C语言。为了使UNIX操作系统得到推广，1977年D. M. Ritchie发表了不依赖于具体机器系统的C语言编译文本《可移植的C语言编译程序》。

1978年，Brian W. Kernighian和D. M. Ritchie出版了名著*The C Programming Language*，从而使C语言成为目前世界上较流行的高级程序设计语言。

C语言发展迅速，而且成为最受欢迎的语言之一，主要因为它具有强大的功能。C语言加上一些汇编语言子程序，更能显示C语言的优势。许多著名软件，如早期的数据库系统dBASE Ⅲ PLUS、dBASE Ⅳ，个人机操作系统PC-DOS，UNIX/Linux操作系统和Windows操作系统内核都是用C语言编写的。

1.2.2　C语言的版本

目前主要的C语言规范有C89(C90)、C95(94)、C99和C11。

在C语言出现的早期，随着微型机的快速发展，出现了许多C语言版本。由于当时没有统一的标准，使得这些C语言之间出现了一些不一致的地方。为了改变这种情况，1983年，美国国家标准研究所(ANSI，现已改名为INCITS)成立了一个专门的技术委员会，负责起草关于C语言的标准草案。1989年，草案被ANSI正式通过成为美国国家标准，被称为C89标准。

随后，*The C Programming Language*第2版开始出版发行，书中的内容根据ANSI C(C89)进行了更新。1990年，ISO(国际标准化组织)批准ANSI C成为国际标准，于是ISO C(又称为C90)诞生了。除标准文档在印刷编排上的某些细节不同外，ISO C(C90)和ANSI C(C89)在技术上完全一样。

之后，ISO在1994年、1996年分别出版了C90的技术勘误文档，更正了一些印刷错误，并在1995年通过了一份C90的技术补充，对C90进行了微小的扩充，经过扩充后的ISO C被称为C95。

1999年，ANSI和ISO又通过了最新版本的C语言标准和技术勘误文档，该标准被称为C99。现在各种C编译器都提供了C89(C90)的完整支持，对C99提供了部分支持。

2011年，ISO和国际电工委员会(IEC)旗下的C语言标准委员会(ISO/IEC JTC1/SC22/WG14)正式发布了C11标准。C11标准是C语言标准的第3版。C11是目前关于C语言最新、最权威的定义。

1.2.3 C语言的特点

1. C语言的优点

C语言的优点可以概括如下。

(1) 简洁、紧凑、灵活。

C语言的核心内容很少，只有32个关键字、9种控制语句；程序书写格式自由，压缩了一切不必要的成分。

(2) 表达方式简练、实用。

C语言有一套强有力的运算符，达44种，可构造出多种形式的表达式，用一个表达式就可以实现其他语言用多条语句才能实现的功能。

(3) 具有丰富的数据类型。

数据类型越多，数据的表达能力越强。C语言具有现代语言的各种数据类型，如字符型、整型、实型、数组、指针、结构体和共用体等，可以实现诸如链表、堆栈、队列、树等各种复杂的数据结构。其中，指针使参数的传递简单、迅速，节省内存。

(4) 具有低级语言的特点。

具有与汇编语言相近的功能和描述方法，如地址运算、二进制数位运算等。C语言可直接访问物理地址，可以直接对硬件进行操作，可充分使用计算机资源。所以，C语言既可以作为系统描述语言，又可以作为通用的程序设计语言。

(5) C语言是一种结构化语言。

结构化语言的显著特点是代码及数据的分隔化，即程序的各个部分除了必要的信息交流外，彼此独立。这种结构化方式可使程序层次清晰，便于使用、维护以及调试。C语言是以函数形式提供给用户的，这些函数可方便地调用，并具有多种循环、条件语句控制程序流向，从而使程序完全结构化。

(6) 可移植性好。

程序可以从一个环境不经改动或稍加改动就可移植到另一个完全不同的环境中运行。这是因为系统库函数和预处理程序将可能出现的与机器有关的因素与源程序隔开，这就容易在不同的C编译系统之间重新定义有关内容。

(7) 生成的目标代码质量高。

由C源程序得到的目标代码的运行效率比用汇编语言写的代码只低10%～20%，可充分发挥机器的效率。

(8) C语言的语法限制不严，程序设计的自由度大。

C程序在运行时不做诸如数组下标越界和变量类型兼容性等检查，而是由编程者自己保证程序的正确性。C语言几乎允许所有数据类型进行转换，字符型和整型可以自由混合使用，所有类型均可作逻辑型，可自己定义新的类型，还可以把某类型强制转换为指定的类型。实际上,这使编程者有了更大的自主性,能编写出灵活、优质的程序,同时也给初学者增加了一定的难度。所以,只有在熟练掌握C语言程序设计后,才能体会出其灵活的特性。

2. C语言的缺点

C语言是一种优秀的计算机程序设计语言,但也存在以下缺点,了解这些缺点,才能够在实际使用中扬长避短。

(1) C程序的错误更隐蔽。

C语言的灵活性使得用它编写程序时更容易出错,而且C语言的编译器不检查这样的错误。与汇编语言类似,程序运行时才能发现这些逻辑错误。C语言还会有一些隐患,需要程序员重视。

(2) C程序有时会难以理解。

C语言语法成分相对简单,是一种小型语言。但是,其数据类型多,运算符丰富且结合性多样,使得对其理解有一定的难度。

(3) C程序有时会难以修改。

考虑到程序规模的大型化,现代编程语言通常会提供"类"和"包"之类的语言特性,这样的特性可以将程序分解成更加易于管理的模块。然而,C语言缺少这样的特性,维护大型程序显得比较困难。

1.3 最简单的C语言程序

1.3.1 C程序开发环境

C语言作为老牌开发语言,开发平台和工具众多,C开发环境大多是集程序的编辑、编译、连接和运行为一体的集成开发环境(IDE),较早期的有Turbo C 2.0、Turbo C++ 3.0、Visual C++ 6.0等,目前较主流的是Visual Studio系列、Dev-C++和C Free等。

Microsoft Visual Studio(简称VS)是美国微软公司的开发工具包系列产品,它包括了整个软件生命周期中所需要的大部分工具,如UML工具、代码管控工具、集成开发环境等。所写的目标代码适用于微软公司支持的所有平台,包括Microsoft Windows、Windows Mobile、Windows CE、.NET Framework、.NET Compact Framework和Microsoft SilverLight及Windows Phone。Visual Studio是目前最流行的Windows平台应用程序的集成开发环境,最新版本为Visual Studio 2017 RC版本,基于.NET Framework 4.6。

Dev-C++是Windows环境下的一个适合于初学者使用的轻量级C/C++集成开发环境,它是一款自由软件,遵守GPL许可协议分发源代码。Dev-C++使用MinGW64/TDM-GCC编译器,遵循C99/C++ 11标准,同时兼容C++98/C89标准。Dev-C++开发环境包括多页面窗口、工程编辑器以及调试器等,在工程编辑器中集合了编辑器、编译器、连接程序和执行程序,提供高亮度语法显示,以减少编辑错误,还有完善的调试功能,更适合初学者。多国语言版中有中文、英语、俄语、法语、德语、意大利语等20多个国家和地区语言供选择。

本书选择Dev-C++作为C程序的集成开发环境。

1.3.2 C程序运行步骤

运行一个C程序,是指从建立源程序文件直到执行该程序并输出正确结果的全过程。

在不同的操作系统和编译环境下运行一个C程序，其具体操作和命令形式可能有所不同，但基本过程是相同的，都是经过编辑、编译、连接和运行这几个过程，如图1-1所示。

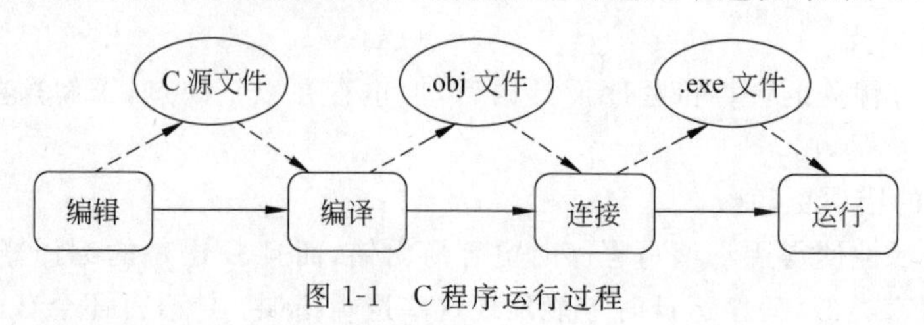

图1-1　C程序运行过程

具体如下。

(1) 编辑：本阶段是利用各种文本编辑器，或C语言的各种集成开发环境，输入与编辑C语言源程序。编辑好源程序后要进行保存，C源程序的扩展名为"*.c"。

(2) 编译：此阶段是用C语言的编译程序对编辑好的源程序进行编译，形成扩展名为".obj"的目标程序文件。目标程序文件的内容为机器语言指令。

(3) 连接：通过C语言的连接程序，将编译后得到的目标程序文件与库函数进行连接，得到可以执行的程序文件，其扩展名为".exe"。

(4) 运行：运行可执行程序文件，输出结果。

图1-1给出了运行一个C程序的过程，其中带箭头的实线表示操作流程，虚线表示输入与输出的文件。

1.3.3　用Dev-C++开发简单的C程序

1. 开发第一个C程序——hello world

hello world是经典例子，是大多数高级语言的第一个例子程序。下面以hello world为例，详细介绍利用Dev-C++集成环境创建并运行C程序的方法与步骤。

【例1-1】 在屏幕上输出hello world。

(1) 启动Dev-C++集成环境。

进入Dev-C++集成开发环境，有"文件""编辑"等一系列菜单和按钮，因没有建立或打开C程序，大部分按钮和菜单项目是灰色不可选的状态。

(2) 建立新的项目

菜单中的"文件""运行"和"工具"是最常用的项。选择"文件"菜单中的"新建"命令，依次选择"新建"→"源代码"，或者使用快捷键Ctrl＋N，新建一个项目，编写以下hello world代码。

```
#include <stdio.h>                  //这是编译预处理指令
int main()                          //定义主函数
{                                   //函数开始的标志
   printf ("hello world\n");        //输出所指定的一行信息
   return 0;                        //函数执行完毕时返回函数值0
}
```

编写代码后的Dev-C++环境如图1-2所示。选择"文件"菜单中的"保存"命令会弹出保存文件对话框，选择保存位置，重命名后，单击"保存"按钮。

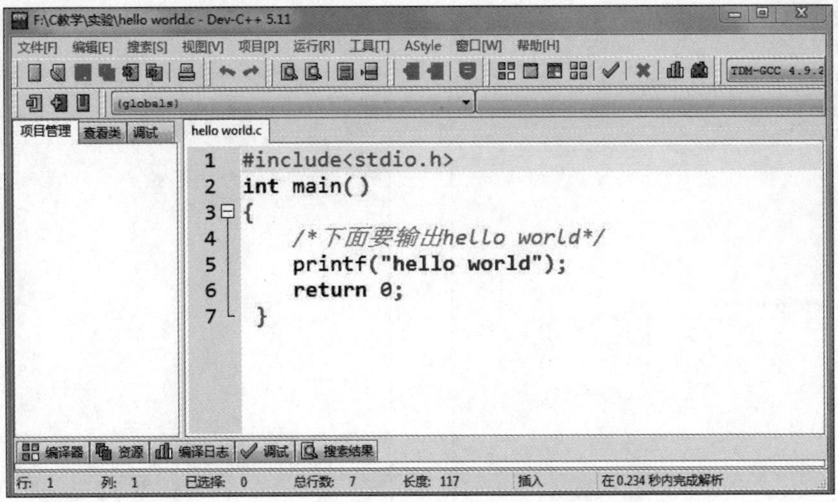

```c
#include<stdio.h>
int main()
{
    /*下面要输出hello world*/
    printf("hello world");
    return 0;
}
```

图 1-2　Dev-C++ 中编写 hello world 程序

(3) 编译。

单击菜单中的“运行/编译”按钮，或者使用快捷键 F9，对程序进行编译，如图 1-3 所示。

(4) 运行。

单击“运行”按钮，或者使用快捷键 F10 运行程序，即可在屏幕上显示结果，结果如图 1-4 所示。

图 1-3　Dev-C++ 运行的菜单项

图 1-4　结果

此结果是在 Dev-C++ 环境下显示的，其中第 2 行是程序执行时间(0.2803 seconds)和返回值(return value 0)，第 3 行告诉用户，如果想继续，请按任意键继续。

说明：Dev-C++ 支持 C99 标准，但编译器默认执行的是 C89 标准，需要手工设置，以支持 C99 标准，操作如下。

(1) 在 Dev-C++ 菜单的“工具”→“编译选项”→“编译器”选项卡中，选中“编译时加入以下命令”复选框，然后在下方的文本框中输入“-std=c99”，单击“确定”按钮即可，如图 1-5(a)所示。

(2) 在“工具”→“编译选项”→“代码生成/优化”选项卡中，在“支持所有 ANSI C 标准”上选 No，再单击“确定”按钮，如图 1-5(b)所示。

说明：C99 和 C89 的大多数特性基本相同，较 C89 主要增加了如基本数据类型、关键字和一些系统函数等。C99 和 C89 差别很小，在初学阶段，C89 和 C99 的区别是不易察觉的，用到新特性时，读者可自行查询相关资料。

2. 程序分析

hello world 程序分析和说明如下。

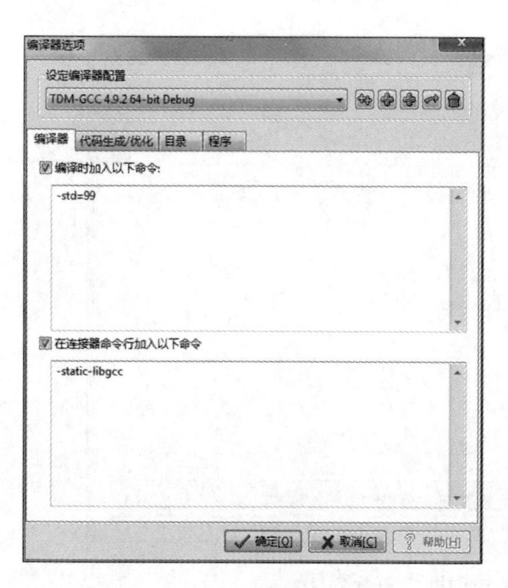

(a) 编译器

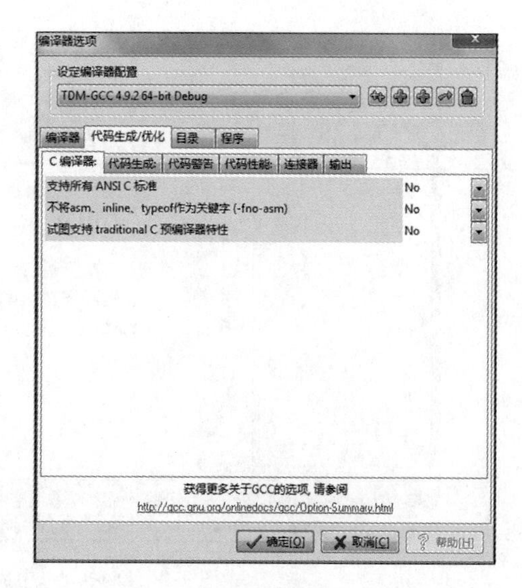

(b) 代码生成/优化

图 1-5　Dev-C++ 支持 C99 的设置

(1) 程序第 1 行的 # include 是 C 语言的编译预处理命令，作用是将系统头文件 <stdio. h>包含到当前程序中。标准 C 编译系统提供了上百种库函数，用户编写的程序中可直接调用系统提供的库函数，调用库函数时必须使用 include 命令将该头文件包含到程序中。<stdio. h>为系统的标准输入输出头文件，也是最常用的库文件，定义了 I/O 库用到的宏和输入输出相关的系统函数的定义信息。注意，预处理命令后面没有“;”。关于 C 语言的编译预处理命令，将在第 11 章详细介绍。

(2) main 是函数名，表示这是一个主函数。main 前面的 int 表示此函数的类型是整型，主函数执行后会得到一个整型的返回值。程序第 5 行 return 0 表示函数执行完毕时返回函数值 0，返回到调用函数处。主函数的返回值也可写 int，表示该函数没有返回值。每个 C 源程序都必须有且只有一个主函数。

(3) 花括号{ }括起来的部分为 main 函数的函数体，是函数所要完成的操作，每个函数至少有一对{ }。函数体内主要由语句组成，C 语言规定一个语句后面必须加一个分号。本例中，函数体内只有两个语句，即程序的第 4、5 行。

(4) 第 4 行为系统函数 printf 的调用语句。printf 函数为系统在标准输入输出头文件 <stdio. h>中提供的一个输出函数，其作用为将双引号内的字符串原样输出到终端(一般指显示器)。“\n”为一个换行符，表示输出字符串"hello world"后回车换行，即将光标移动到下一行的开头，光标位置称为输出的当前位置。

(5) 第 1 行到第 5 行以“//”开头的内容为注释，是对当前行进行注释，注释文字可以是任意字符，如汉字、拼音和英文等。注释可以放在程序中的任意位置，它只是给读者看的，帮助理解，对编译和运行不起作用。“//”仅对当前行注释，如需要对多行添加注释，在第一行开头用“/ * ”，在最后一行结尾添加“ * /”即可。如下所示，“/ * ”到“ * /”之间的内容均为注释。

```
/* 输出所
```

指定的
一行信息 */

下面是一个图形的例子。

3. 输出指定图形

【例 1-2】 请在屏幕上输出以下图形。

```
*****
 *****
  *****
   *****
    *****
```

程序代码如下。

```
#include <stdio.h>
int main ( )
{
    printf ("*****\n");
    printf (" *****\n");
    printf ("  *****\n");
    printf ("   *****\n");
    printf ("    *****\n");
    return 0;
}
```

运行结果为

```
*****
 *****
  *****
   *****
    *****
```

通过上面的讲解和例题，读者对 C 语言应有一个整体的认识，感受到了 C 语言的语法规范和易学易用的特性。在后面的章节中将逐步学习 C 语言的各种语法结构和更复杂的功能。

习　　题

1. 什么是计算机语言？计算机语言经历了哪几个发展阶段？
2. 计算机高级语言有哪些特点？
3. C 语言有哪些特点？
4. 理解并解释以下名词的含义。

(1) 源程序、目标程序、可执行程序。

(2) 编辑、编译、连接。

(3) 函数、主函数、被调函数、库函数。

(4) 程序测试、程序调试。

5. C程序的运行步骤有哪些？每个步骤的作用是什么？

6. 编写C程序，运行时在屏幕上输出：

```
It's a nice day!
```

7. 编写C程序，运行时在屏幕上输出以下图形：

```
  *
 ***
*****
 ***
  *
```

第 2 章 C 语言基础

数据是程序的重要组成部分，也是程序处理的对象。编写 C 语言程序时，不同类型的数据都必须遵守“先定义，后使用”的原则，即程序中用到的任何一个变量和数据都必须先定义其数据类型，然后才能使用。运算符与表达式实现对数据的处理以及按什么顺序进行处理。本章介绍 C 语言提供的各种数据类型以及进行数据处理的运算符和表达式。

2.1 数据类型概述

数据是程序处理的基本对象，每个数据在计算机中都是以特定的形式存储的。C 语言中提供了丰富的数据类型，各种数据类型具有不同的取值范围及允许的操作。图 2-1 给出了 C 语言数据类型的基本框架，更详细的内容请查阅有关标准。

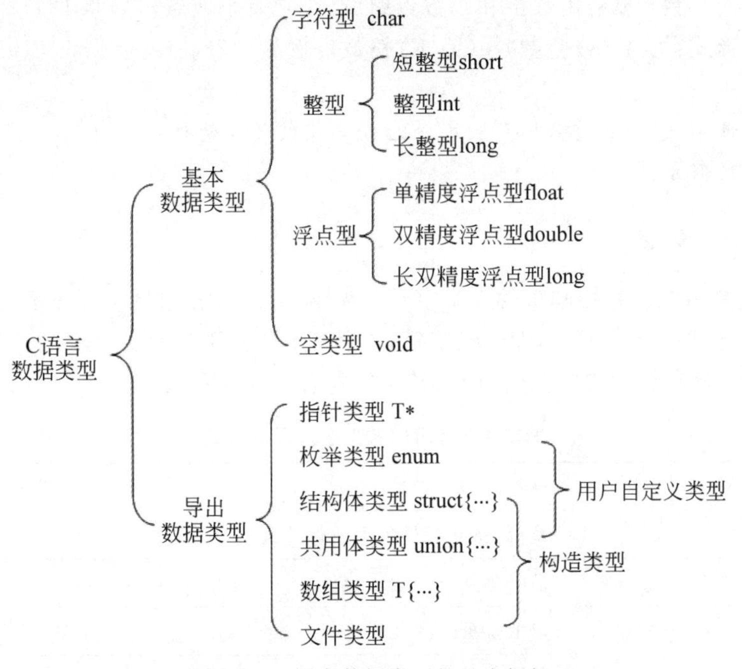

图 2-1　C 语言数据类型的基本框架

导出数据类型是指在基本数据类型基础上产生的类型;构造类型是指由一个或多个基本数据类型按照一定规律构造而成的类型;用户自定义类型是允许用户根据需要自行定制的类型,有些教材也将函数作为一种导出数据类型处理,本章只介绍基本数据类型。

在程序中对用到的所有数据都必须指定其数据类型,并且根据在程序运行中其值是否可以改变又可以分为常量和变量。

2.2 常　　量

在程序运行过程中,其值不能被改变的量称为常量。根据类型的不同,常量可分为直接常量和符号常量,直接常量又分为整型常量、浮点型常量、字符常量和字符串常量。

2.2.1 整型常量

整型常量就是整数,在C语言中有3种表示形式。

(1) 十进制整数:例如78、-324。

(2) 八进制整数:以数字0开头,后面跟若干个八进制数字,如0123表示八进制数123,相当于十进制数83。

(3) 十六进制整数:以0x或0X开头,后面跟若干个十六进制数字,如0x12F表示十六进制数12F,相当于十进制的303。

2.2.2 浮点型常量

浮点型常量又称为实型常量,就是实数,通常有以下两种表示形式。

(1) 十进制小数形式:由数字和小数点组成(必须有小数点),如0.12、12.、.12。

(2) 指数形式:实数(或整数) e(或E)整数。例如,123e3表示123×10^{3},1.2e-5表示1.2×10^{-5}。

注意: 字母e(或E)之前必须有数字,e后面的指数必须是整数。例如,e3、2.1e3.5、e等都不是合法的指数形式。

2.2.3 字符常量

字符常量是用单撇号括起来的一个字符。例如,'a'、'A'、'?'和'2'等都是字符常量。另外,还有一些特殊形式的字符常量,即转义字符,也就是以"\"开头的字符序列。例如,'\n'表示换行符,'\\'表示反斜杠字符"\"。常用的转义字符及其含义见表2-1。

表2-1 常用的转义字符及其含义

转义字符	含　义	ASCII代码
\n	换行,将光标移到下一行开头	10
\t	横向跳到下一制表位置	9
\f	走纸换页	12
\b	退格	8

续表

转义字符	含　义	ASCII代码
\r	回车,将光标移到本行开头	13
\\	反斜杠字符"\"	92
\'	单撇号字符	39
\"	双撇号字符	34
\ddd	1～3位八进制数代表的字符	
\xhh	1～2位十六进制数代表的字符	

转义字符的意思就是将反斜杠"\"后面的字符转换成另外的意义。如"\n"中的n不代表字符n,而是换行符;'\101'表示ASCII码为八进制数101(十进制数65)的字符'A'。同样,'\x41'表示ASCII码为十六进制数41(十进制数65)的字符'A'。

2.2.4 字符串常量

字符串常量是用一对双撇号括起来的若干字符序列,如"HIA"、"a1"、"#"。字符串中有效字符的个数称为字符串长度,长度为0的字符串(即一个字符都没有的字符串)称为空串,表示为""。例如,"How are you!"是字符串常量,其长度为12(空格也是一个字符),字符串常量在内存中存储时,系统自动为其加一个字符串的结束标志'\0'。

如果反斜杠和双撇号作为字符串中的有效字符,则必须使用转义字符。例如,d:\xht\tc写成字符串常量时应写成"d:\xht\tc"。

2.2.5 符号常量

符号常量是指在程序中所指定的以符号代表的常量,从字面上不能直接看出其值和类型,程序中多处使用一个变量或常量时,可以将其定义为符号常量,便于修改,减少了出错的可能性,同时提高了程序的可读性。定义符号常量需要使用编译预处理命令,一般形式为

```
#define 符号常量名 常量
```

【例2-1】 求圆的面积和周长。

程序代码如下:

```
#include <stdio.h>
#define PI 3.1415926
#define R 3
main()
{  printf("area=%f\n",PI*R*R);
  printf("circum=%f\n",2*PI*R);
}
```

运行结果为

```
area=28.274333
```

```
circum=18.849556
```

说明：＃define是预编译命令，称为宏定义，在编译程序之前，系统先处理预编译命令，上面程序中，编译时将所有出现PI的地方以3.1415926代替，将R以3代替。当半径R发生变化时，只要修改宏定义即可，不必到函数中改，这样不容易出错。

2.3 变 量

在程序运行过程中，其值可以改变的量称为变量。变量具有数据类型、变量名和变量值等多个属性。在程序编译期间，会在内存中给每个声明的变量分配相应的存储单元，用来存放变量的值，而分配的存储单元的地址直接和变量名建立联系。C语言中，变量必须先定义，后使用，定义变量时必须指明变量的类型，因为不同类型所占存储单元的长度不一样，不同类型的数据所允许参加的运算也不一样。

2.3.1 标识符

在C语言中给变量命名时必须符合一定的规则，也就是标识符的命名规则。标识符是用来标识变量、符号常量、函数、数组、类型等数据对象的有效字符序列。命名标识符的规则：必须以英文字母或下画线开头，其后可以跟字母、数字和下画线，如sun、day、_total、a_1是合法的标识符，而m.d.a、2as、＃1a是不合法的标识符。

定义标识符时应注意字母的大小写。在C语言中，大写字母和小写字母被认为是两个不同的字符，如sum和SUM是两个不同的标识符。标识符分为关键字、预定义标识符和用户标识符3类。C语言中有32个关键字(详见附录B)，关键字具有特定的含义，不能作为用户标识符使用，如关键字int、float等不能用作用户标识符。预定义标识符(包括预处理命令和库函数名)如printf在C语言中被系统所定义。C语言的语法允许把这类标识符另作他用，但为了避免误解，建议不要把这些预定义标识符作为用户标识符使用。

2.3.2 整型变量

1. 整型变量的分类

整型变量是用来存放整数的。按数据类型的分类，整型数据可分为3种类型。

(1) 基本整型，用int表示。

(2) 短整型，用short int或short表示。

(3) 长整型，用long int或long表示。

另外，根据数据是否带有正负符号，可将整型变量分为无符号整型变量和有符号整型变量。无符号整型变量定义时要在类型符前面加上关键字unsigned，此类型的变量只能存放无符号数。以上3种类型为有符号整型变量的分法，无符号整型变量具体分为无符号整型(unsigned)、无符号短整型(unsigned short)和无符号长整型(unsigned long)。

不同类型的整型变量，计算机为其分配存储单元的长度(即字节数)不同。C标准没有规定整型变量在计算机内存中所占的字节数，不同的编译系统规定稍有不同。表2-2列出了Dev-C++中各类整型变量在内存中所占的字节数及数的表示范围。

表 2-2 整数类型的相关数据

类型标识符	数的范围		字节数
int	−32 768～32 767	即 $-2^{15}\sim2^{15}-1$	2
unsigned	0～65 535	即 $0\sim2^{16}-1$	2
short	−32 768～32 767	即 $-2^{15}\sim2^{15}-1$	2
unsigned short	0～65 535	即 $0\sim2^{16}-1$	2
long	−2 147 483 648～2 147 483 647	即 $-2^{31}\sim2^{31}-1$	4
unsigned long	0～4 294 967 295	即 $0\sim2^{32}-1$	4

2. 整型变量的定义

C语言规定使用变量之前必须先定义。变量定义的一般形式为

```
类型标识符 变量名 1,变量名 2,…;
```

例如：

```
int a, b ;                              /*定义 a 和 b 为基本整型变量*/
long m ;                                /*定义 m 为长整型变量*/
unsigned a1,b1,c1;                      /*定义 a1、b1 和 c1 为无符号整型变量*/
```

变量的定义属于声明语句,一般放在可执行语句前,通常是在函数体的开头部分。

【例 2-2】 整型变量的定义。

程序代码如下：

```
#include <stdio.h>
int main()
{
    int a,b;                            /*定义 a 和 b 为基本整型变量*/
    unsigned u;                         /*定义 u 为无符号基本整型变量*/
    b=-2;u=10;
    a=b+u;
    printf("b+u=%d\n",a);
}
```

运行结果为

```
b+u=8
```

说明：可以在定义变量的同时给变量赋值,称为变量的初始化。例如“int a=1,b=2;”相当于“int a,b; a=1;b=2;”3 条语句。

2.3.3 浮点型变量

1. 浮点型变量的分类

浮点型变量又称实型变量,是用来存放实数的。浮点型数据可分为以下 3 种类型。

(1) 单精度实型,用 float 表示。

(2) 双精度实型,用 double 表示。

(3) 长双精度实型,用 long double 表示。

不同类型的实型变量,计算机为其在内存中分配的存储单元的长度不同,Turbo C 对 long double 型分配 16B,而 Visual C++ 6.0 中 long double 和 double 一样,都是分配 8B。表 2-3 列出了浮点类型的相关数据。

表 2-3　浮点类型的相关数据

类型标识符	字节数	有效数字	数的范围
float	4	6～7	$\pm(3.4\times10^{-38}\sim3.4\times10^{38})$
double	8	15～16	$\pm(1.7\times10^{-308}\sim1.7\times10^{308})$
long double	16	18～19	$\pm(1.2\times10^{-4932}\sim1.2\times10^{4932})$

值得注意的是,在 C 语言中,实型常量不区分 float 型和 double 型,C 语言编译系统都按 double 型处理。

2. 实型变量的定义

实型变量的定义方法与整型变量的定义方法相似。例如:

```
float a, b;                          /* 定义 a 和 b 为单精度实型变量 */
double c;                            /* 定义 c 为双精度实型变量 */
```

2.3.4　字符型变量

字符型变量用来存放字符常量。定义字符型变量的类型标识符为 char。例如:

```
char c1, c2;                         /* 定义 c1 和 c2 为字符型变量 */
```

一个字符型变量在内存中占 1B,一个字符常量在内存中存放时实际上存放的是这个字符的 ASCII 码值(各字符的 ASCII 值见附录 A),而且是以二进制形式存储的,与整数的存储形式相同。因此,字符型数据可以当作整型数据处理。这样,当给一个字符型变量赋值时,可以把一个字符常量赋给它,也可以把这个字符常量的 ASCII 码值赋给它。

【例 2-3】　给字符型变量赋一个字符常量。

程序代码如下:

```
#include <stdio.h>
int main()
{
    char c1;                         /* 定义 c1 为字符型变量 */
    c1='a';                          /* 把字符常量'a'赋予字符型变量 c1 */
    printf("%d,%c\n",c1,c1);         /* 输出 c1 中存储的字符的 ASCII 码值和这个字符 */
    c1=97;                           /* 把整数 97 存储到变量 c1 中 */
    printf("%d,%c \n",c1,c1);
}
```

运行结果为

```
97,a
97,a
```

说明：标准ASCII码共有128个，其编码为0～127(扩展的ASCII码字符共有256个，其编码为0～255)，字符型数据在内存中存储的是其对应的ASCII码值，所以在0～127范围内，字符型数据和整型数据的存储形式一样。

根据运行结果可以看出，无论是把字符常量赋予c1，还是把对应的整型常量赋予c1，内存中存储的数据都一样。所以，在一定范围内，整型数据和字符型数据是通用的。

2.3.5 字符串的存储方式

整型常量、实型常量和字符型常量在内存中存储时分别存储到整型变量、实型变量和字符型变量中，那么字符串常量如何存放呢?

在C语言中没有相应的字符串变量，需要用一个字符数组存放一个字符串。字符串常量在内存中存储时每个字符都占用1B，均以其ASCII码值存放，并且在字符串的最后添加一个字符串结束标志'\0','\0'表示ASCII码为0的字符。例如，字符串常量"HOW"存放在内存中的情况(占4B，而不是3B)：

H	O	W	\0

注意：字符常量'a'和字符串常量"a"是不同的。区别是，从它们的意义和存储方式上来说：

(1) 'a'是用单撇号括起来的字符常量，"a"是用双撇号括起来的字符串常量。

(2) 字符'a'在内存中占1B，而字符串"a"在内存中占2B。

2.4 C的运算符和表达式

在C语言中，经常需要对数据进行运算或操作，最基本的运算形式常常由一些表示特定的数学或逻辑操作的符号描述，这些符号称为运算符或操作符，被运算的对象(数据)称为运算量或操作数。由运算符连接的运算对象组成的符合C语法规则的式子称为表达式，表达式描述了对哪些对象、按什么顺序进行什么样的操作。

C语言提供了丰富的运算符，能构成多种表达式，它把基本操作都作为运算符处理，使得C语言表达式处理问题的功能强、范围广。

C语言的运算符可分为以下13类：

(1) 算术运算符(+、-、*、/、%、++、--)

(2) 关系运算符(>、<、>=、<=、==、!=)

(3) 逻辑运算符(!、&&、||)

(4) 位运算符(~、&、|、^、<<、>>)

(5) 赋值运算符(=及其扩展赋值运算符)

(6) 条件运算符(?：)

(7) 强制类型转换运算符(类型)

(8) 逗号运算符(,)

(9) 指针运算符(*、&)

(10) 求字节运算符(sizeof)

(11) 分量运算符(.、->)

(12) 下标运算符([ ])

(13) 其他(如圆括号、函数调用运算符())

本节主要介绍算术运算符和算术表达式。其他运算符将在后面的章节中陆续介绍。

在学习运算符的时候要注意掌握运算符的几个属性,包括运算符的目数、优先级和结合性等,同时要注意运算符要求的运算量的类型及结果的类型。

1. 基本算术运算符

算术运算符中,加或正号(+)、减或负号(-)、乘(*)、除(/)、求余(%)为基本算术运算符,功能和数学中的类似,但用法有很大的不同,有下列4个需要特别注意的地方。

(1) +(加法)、-(减法)、*(乘法)、/(除法)、%(求余)为双目运算符,即参加运算时要求有两个运算量。参加运算过程中先乘除,后加减,即乘除(*、/、%)的优先级高于加减(+、-)。若优先级相同,则按"从左至右"的结合方向计算,这一点和数学上的计算规则一样。C语言中,当一个运算对象两侧的运算符优先级相同时,则根据运算符的结合性进行运算。运算符的结合性分为两种,即左结合性(从左至右)和右结合性(从右至左),这5个算术运算符是左结合的。例如,计算2-3*4表达式时,3两侧的运算符分别为-和*,按优先级先乘后加;而计算1+2-3时,2两侧的运算符的优先级相同,则根据运算符的左结合性按从左到右的方向计算。

(2) +(正号)和-(负号)为单目运算符,即只要求有一个运算对象,C语言中所有单目运算符的优先级均高于双目运算符,所有单目运算符都是右结合的,即优先级相同时,按从右到左的方向计算。

(3) +、-、*、/的运算对象可以是整型或实型数据,结果的类型由运算对象的类型决定,而%要求两个运算量都必须为整型数据,结果也是整型,是两个整数相除后的余数。另外,运算结果的正负符号与被除数的符号一致。例如,7%4的值为3,9%10的值为9,5/2%3的值为2,9%(-2)的值为1。

(4) 两个整数相除结果为整数,舍弃小数部分,如5/3的值是1。但是,如果被除数或除数有一个负数,则舍入的方向是不固定的。例如,-5/3的运算结果在有的系统中是-1,而在有的系统中是-2。但多数系统采用"向零取整"的规则,即取整数时向零靠拢。例如,5/3的结果是1,-5/3的结果是-1。

2. 算术表达式

用算术运算符和圆括号将运算对象连接起来,符合C语法规则的式子称为C算术表达式。运算对象包括常量和变量等。将数学中的表达式写成C表达式时,必须满足C语言的语法规则。例如,(1/2)ab写成C算术表达式应为1.0/2*a*b或1/2.0*a*b,请思考为什么不写成1/2*a*b?

3. C算术表达式的常用规则

(1) 乘号不能省,如ab应写成a*b,否则会认为ab为一个变量名。

(2) C算术表达式中可以使用括号改变运算顺序,因为括号是C语言中优先级最高的运算符之一,在一个表达式中会最先执行括号这个运算符,括号可以嵌套使用,但左、右括号必须匹配。

(3) 应避免两个运算符并置。如 a * b/-c 应改为 a * b/(-c)。

(4) 由于两个整数相除,结果仍为整数,因此若想得到的结果为实数,就必须把除数或被除数转换成实数。如 5/12 应该写成 5.0/12 或 5/12.0。

(5) 表达式中的所有符号都要写成一行。如 1/2 应写成 1/2.0。

(6) 上下角标不能直接写,需要转换。如 x^2→x * x。

(7) 调用标准数学函数时自变量应写在一对括号内。如|-216|应写成 fabs(-216),sin12 应写成 sin(12),e^x 应写成 exp(x)等。

(8) 三角函数的自变量应使用弧度。如 sin50 °应写成 sin(50 * 3.1415926/180)。

【例 2-4】 把下面的数学表达式写成 C 算术表达式。

$$\frac{2a+\sin(45)^{\circ}}{|x-y|e^{2.3}}$$

解:(2 * a+sin(45 * 3.1415926/180))/(fabs(x-y) * exp(2.3))。

【例 2-5】 求某学生的数学、英语、政治三门课程的总成绩,要求成绩从键盘输入。

程序代码如下:

```
#include <stdio.h>
int main()
{  float x,y,z,sum;
   scanf("%f%f%f",&x,&y,&z);
   sum=x+y+z;
   printf("sum=%.1f",sum);
}
```

运行结果为

```
98 90.5 100 ↵
sum=288.5
```

【例 2-6】 从键盘上输入一个小写字母,然后输出其对应的大写字母。

分析:查看字符的 ASCII 表可以得知,一个大写字母和对应的小写字母在 ASCII 值上相差 32。例如,'a'的 ASCII 码为 97,'A'的 ASCII 码为 65。因此,要想实现题目要求的功能,首先输入一个小写字母,然后将其 ASCII 值减去 32,所得值即为对应大写字母的 ASCII 码值,最后以字符格式输出。

程序代码如下:

```
#include <stdio.h>
int main()
{
    char c1;
    c1=getchar();
    c1=c1-32;
    putchar(c1);
```

```
}
```

运行结果为

```
a↵
A
```

习　题

1. 选择题(可能有多个选项)

(1) 下面标识符中,不合法的用户标识符为 ________。

A. Pad　　B. a_10　　C. CHAR　　D. a#b

E. _int

(2) 下面标识符中,合法的用户标识符为 ________。

A. day　　B. E2　　C. 3AB　　D. enum

E. a　　F. long

(3) ________是不正确的转义字符。

A. '\\'　　B. '\"　　C. '\081'　　D. '\0'

(4) 若 m 为 float 型变量,则执行以下语句后的输出为________。

```
m=1234.123;
printf("%-8.3f\n",m);
printf("%10.3f\n",m);
```

A. 1234.123
1234.123

B. 　1234.123
1234.123

C. 1234.123
　1234.123

D. -1234.123
001234.123

(5) 若 n 为 int 型变量,则执行以下语句后的输出结果为________。

```
n=32767;
printf("%010d\n",n);
printf("%10d\n",n);
```

A. 0000032767
　32767

B. 32767
0000032767

C. 32767
32767

D. 无结果
无结果

2. 读程序,写出运行结果

(1)
```
#include <stdio.h>
int main()
   {  int x,y;
      scanf("%d% * d%d",&x,&y);
      printf("%d\n",x+y);
   }
```

程序运行时输入: 12 34 567

运行结果为__________。

(2)
```
#include <stdio.h>
int main()
{
    char a,b,c;
    scanf("%c%c%c",&a,&b,&c);
    printf("%d %d %d ",a,b,c);
    printf("%c%c%c\n",a,b,c);
}
```

程序运行时输入：

123↵

运行结果为________。

3. 从键盘输入一个实数，对它小数部分的第2位进行四舍五入后输出。

4. 从键盘输入一个大写字母，然后输出对应的小写字母。用scanf和printf函数实现字母的输入和输出。

第 3 章 顺序结构程序设计

第 2 章介绍了程序中用到的一些基本要素,如常量、变量、运算符和表达式,它们是程序的基本成分。本章首先介绍算法的概念和特性,接着介绍 C 语言的程序结构,需要重点掌握 C 语言的基本语句和结构化程序设计的 3 种基本结构及流程图,然后介绍数据的输入输出函数 printf、scanf、putchar 和 getchar。通过本章的学习,读者可以编写简单的 C 语言程序。

3.1 算法的概念和特性

3.1.1 算法的概念

在日常生活中,我们会接触到各种“算法”,典型的例子是记录做菜所需步骤的菜谱。在一个菜谱里,会把制作菜品所必需的材料种类、量标记清楚,并且把做菜的过程、每一步需要的时间等正确地记录下来。遵从这样的步骤,大多数人都可以做出一道菜。像这样对给定问题给出可行解法的菜谱,也就是“解决问题的步骤”,就是一个算法的例子。

在计算机领域,算法是规则的有限集合,是为解决特定问题而采取的方法和步骤。算法指解题方案的准确而完整的描述,是一系列解决问题的清晰指令,代表着用系统的方法描述解决问题的策略机制。算法举例如下。

【例 3-1】 已知 3 个数 A、B、C,找出其中最大的数。

算法如下:

步骤 1,在三者之外设定数值 D,并让 D 等于 A 的值。

步骤 2,再将 D 和 B 比较,若 B>D,则让 D 等于 B 的值。

步骤 3,再将 D 和 C 比较,若 C>D,则让 D 等于 C 的值。

步骤 4,D 的值为最大值。

算法能够对规范的输入在有限时间内获得所要求的输出。不同的算法可能用不同的时间、空间或效率完成同样的任务。

【例 3-2】 求 1*2*3*4*5 。

算法如下:

步骤 1,先求 1*2,得到结果 2。

步骤 2,将步骤 1 得到的乘积 2 再乘以 3,得到结果 6。

步骤 3,将步骤 2 得到的乘积 6 再乘以 4,得到结果 24。

步骤 4,将步骤 3 得到的乘积 24 再乘以 5,得到最后的结果 120。

3.1.2 算法的分类

计算机算法可分为两大类:数值运算算法和非数值运算算法。数值运算的目的是求数值解。例如,求方程的根、求一个函数的定积分都属于数值运算的范围。非数值运算包括的面十分广泛,最常见的是用于事务管理领域,如人事管理、物资管理、图书信息检索等。

目前,计算机在非数值处理方面的应用远远超过在数值运算方面的应用。由于数值运算有现成的模型和比较成熟的算法可供选用或参考使用,因此可方便地处理常见的各种数值运算问题;而非数值处理的种类繁多,要求各异,难以规范化,对于大多数非数值处理问题的算法,需要设计人员在参考已有类似算法的基础上自行设计。

算法设计没有固定的模式。对于同一个问题,可有多种算法,不同的设计者也可以设计出不同的算法。算法要采用一定的形式表示出来,其目的是便于用一种计算机编程语言把算法变换成能在计算机上实现的程序。

3.1.3 算法的特点

算法的实现过程应该简单明了,思路清晰,因此一个正确而有效的算法应具有如下特性。

(1) 有穷性:一个算法应该在有限个操作步骤之后结束,而且每个步骤都应该在有穷时间内完成。

(2) 确定性:算法的每个步骤都应该有明确的含义,无二义性。

(3) 可行性:算法中的每一步都应该是有效、可行的,执行算法最后应该能得到确定的结果。

(4) 输入:一个算法有零个或多个输入,这些输入应该在算法执行前完成,是赋予算法的最初的数据值。

(5) 输出:一个算法必须有一个或多个输出。算法的目的是为了求解,通过算法求得的"解"即算法的输出。

3.1.4 算法和程序

一个程序主要包括两方面内容:一是对数据的描述。在程序中要指定用到哪些数据,以及这些数据的类型和数据的组织形式,这就是数据结构。二是对操作的描述,即要求计算机进行操作的步骤,也就是算法。

算法和程序既有密切关联,又有明显的区别。

1. 算法与程序的联系

算法和程序都是指令的有限序列,但是程序是算法,而算法不一定是程序。程序 = 数据结构 + 算法。算法的主要目的在于为人们提供阅读了解所执行的工作流程与步骤。数据结构与算法要通过程序的实现,才能由计算机系统执行。可以这样理解,数据结构和算法形成了可执行的程序。

2. 算法与程序的区别

(1) 两者的定义不同。算法是对特定问题求解步骤的描述,它是有限序列指令。而程序是为实现预期目的而进行操作的一系列语句和指令。

说通俗一些,算法是解决一个问题的思路,而程序是解决这些问题具体写的代码。算法没有语言界限,只是一个思路。为实现相同的一个算法,用不同语言编写的程序会不一样。

(2) 两者的书写规定不同。程序必须用规定的程序设计语言写,而算法很随意。算法是一系列解决问题的清晰指令,也就是说,算法能够对一定规范的输入在有限时间内获得所要求的输出。算法常常含有重复的步骤和一些逻辑判断。

3.2 算法的流程图表示

在程序的设计过程中,描述算法有多种方法,常用的有自然语言、传统流程图、结构化流程图和伪代码等。其中最常用的是流程图,因为它直观形象,易于理解。流程图就是以特定的图形符号加上说明,用来表示算法的图,是流经一个系统的信息流、观点流或部件流的图形代表。下面对传统流程图和结构化流程图进行简要介绍。

3.2.1 传统流程图

传统流程图由起止框、处理框、输入输出框、判断框和流程线等组成,如图3-1所示,使用这些框和流程线组成的流程图表示算法,形象直观,便于理解,在设计算法时很有帮助。

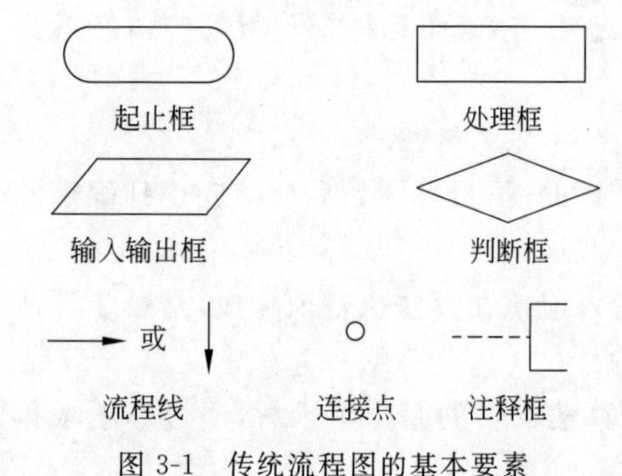

图3-1 传统流程图的基本要素

图3-1中,基本符号的简介如下。

(1) 起止框:用圆角矩形表示,用来标识算法的开始与结束。

(2) 输入输出框:用平行四边形表示,用来标识程序输入或输出常量、变量或表达式。

(3) 处理框:用矩形框表示,里面大多都是表达式,常用来处理运算或比较式子。

(4) 判断框:用菱形框表示,用来对一个给定的条件进行判断,根据给定的条件是否成立决定如何执行后面的相应操作。

(5) 流程线:用线和箭头表示操作的流向,即操作的执行顺序。

(6) 连接点:将画在不同地方的流程线连接起来。

(7) 注释框:起到解释说明的作用。

【例3-3】 计算1+2+…+100,输出总和。

该算法用自然语言描述如下。

(1) 定义变量sum并赋初值0,变量i赋初值1。

(2) 判断i是否小于或者等于n,如果是,则执行步骤(3),否则转到步骤(5)。

(3) 将sum与i的和赋给sum,将i的值增加1。

(4) 返回步骤(3)重复执行。

(5) 输出sum,程序结束。

用传统流程图描述如图 3-2 所示。在下面 C 程序基本结构中也将用传统流程图进行描述。

3.2.2 C 程序的 3 种基本结构

为了描述程序的执行过程，必须提供一套流程描述机制，这种机制一般称为控制结构，其作用为控制程序的执行过程。1966 年，Bohra 和 Jacopini 提出了程序的 3 种基本控制结构，这 3 种基本结构就是顺序结构、选择结构和循环结构。按照结构化程序设计的基本思想，任何程序都可以由这 3 种基本结构构成。

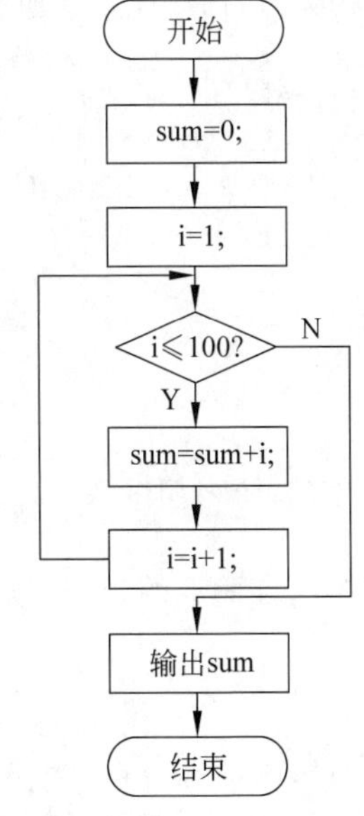

图 3-2　1+2+3+4+…+100 的流程图

1. 顺序结构

这是最简单的一种结构，是从前向后按顺序往下执行，每条语句只执行一遍，不重复执行，也没有语句不执行，用传统流程图表示如图 3-3 所示。虚线框内即一个顺序结构，处理框里的 A 和 B 表示一个或一组操作，它们是顺序执行的，即先执行操作 A，再执行操作 B。

2. 选择结构

选择结构又称分支结构，它是根据某个条件的满足与否，执行不同的操作，如图 3-4 所示。此结构中包含一个判断框，执行流程是根据判断条件 A 是否成立选择执行 B 框或 C 框中的一路分支。当条件 A 成立时，执行 B 框中的操作，然后脱离选择结构；当条件 A 不成立时，执行 C 框中的操作，然后脱离选择结构。其中，B 框或 C 框可以有一个是空的。

3. 循环结构

循环结构又称重复结构，它是循环体在条件满足的情况下，可以反复执行某一部分操作。循环结构有两类：一类是当型循环结构；另一类是直到型循环结构。

1）当型循环

当型循环结构如图 3-5 所示，其执行过程：当给定的条件 A 成立时，则执行操作 B，B 一般为循环体，然后再判断条件 A 是否成立，如果条件 A 仍然成立，再执行 B 循环体，如此反复，直到条件 A 不成立时退出循环向后执行。

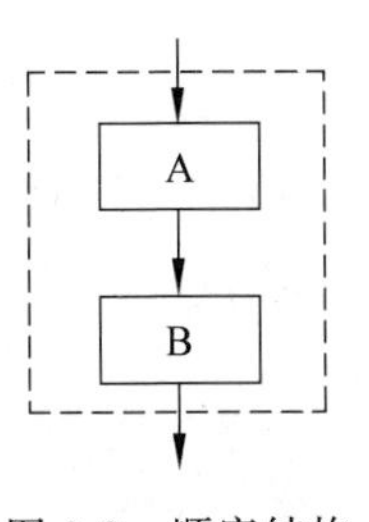

图 3-3　顺序结构

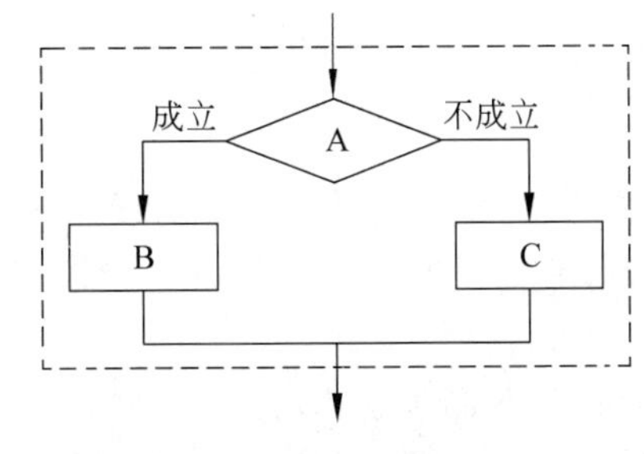

图 3-4　选择结构

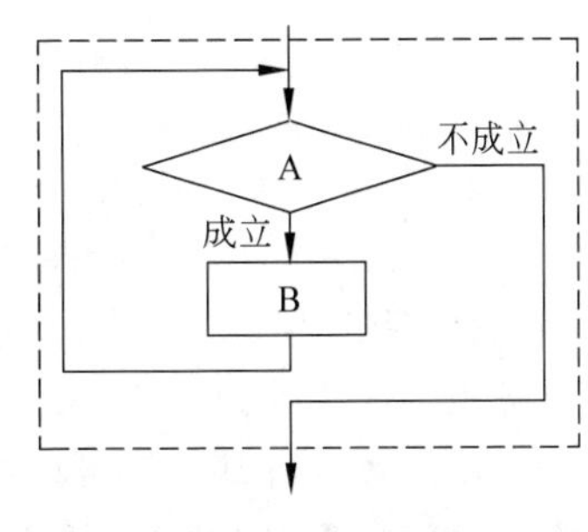

图 3-5　当型循环结构

2）直到型循环

直到型循环结构如图3-6所示。其执行过程：先执行循环体A，然后判断给定的条件B是否成立，如果条件B不成立，则再执行循环体A，然后再对条件B进行判断，若B仍不成立，再执行操作A，如此反复，直至条件B成立为止，退出循环向后执行。

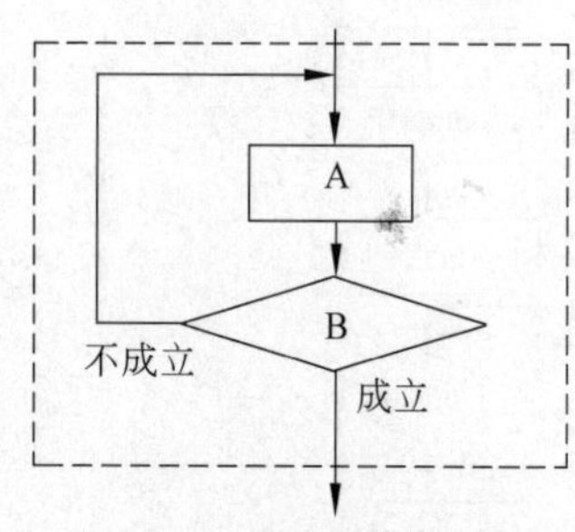

图3-6　直到型循环结构

两种循环的区别：当型循环是先判断条件，再执行循环体，当循环条件中如果一开始条件就不成立时，则循环体一次也不执行；直到型循环是先执行一次循环体，再判断条件，所以循环体至少执行一次。

顺序结构、选择结构和循环结构的共同特点是只允许有一个入口和一个出口。任何一个结构化程序都是由若干个这3种基本结构组合而成的，这样就保证了程序有良好可读性。

3.2.3　N-S图

1972年，美国学者I. Nassi和B. Shneiderman提出了一种在流程图中完全去掉流程线，全部算法写在一个矩形阵内，在框内还可以包含其他框的流程图形式，即由一些基本的框组成一个大的框，这种流程图又称为N-S结构流程图（以两个人的名字的头一个字母组成），这种图很适于结构化程序设计。

N-S图类似流程图，但所不同之处是，N-S图可以表示程序的结构。N-S图几乎是传统流程图的同构，任何N-S图都可以转换为流程图，而大部分流程图也可以转换为N-S图。其中，只有goto指令或C语言中针对循环的break及continue指令无法用N-S图表示。

N-S图包括顺序、选择和循环3种基本结构。

1. 顺序结构

顺序结构如图3-7所示，A和B框组成一个顺序结构。

2. 选择结构

选择结构如图3-8所示，它和图3-4的作用是相同的，当条件P成立时，执行A框中的操作，然后脱离选择结构；当条件P不成立时，执行B框中的操作。

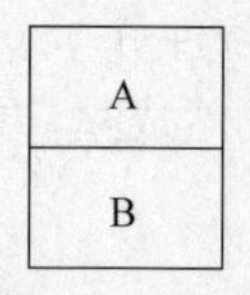

图3-7　顺序结构

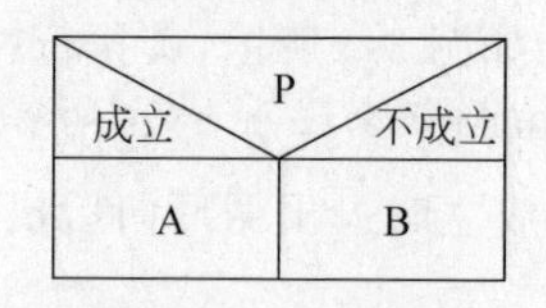

图3-8　选择结构

3. 循环结构

当型循环结构如图3-9所示，它和图3-5的作用相同，当p1条件成立时，反复执行A操作，直到条件不成立为止。直到型循环结构如图3-10所示，它和图3-6的作用相同，反复执行A操作，直到p1条件成立为止。

用上面3种基本框可以组成复杂的N-S图表示算法。

【例3-4】　将例3-3用N-S图表示。

1＋2＋3＋…＋100的N-S图如图3-11所示，它和图3-2对应。

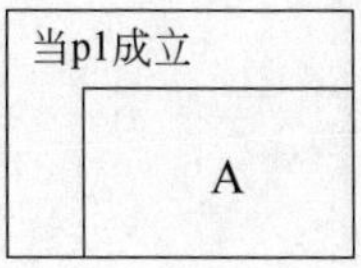

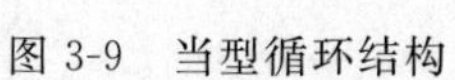

图 3-9 当型循环结构

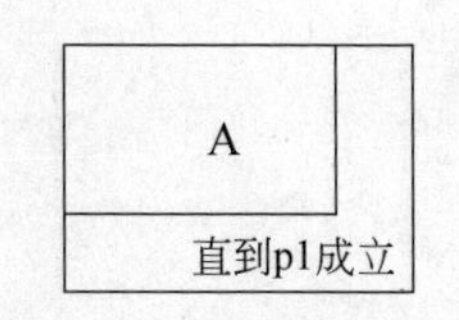

图 3-10 直到型循环结构

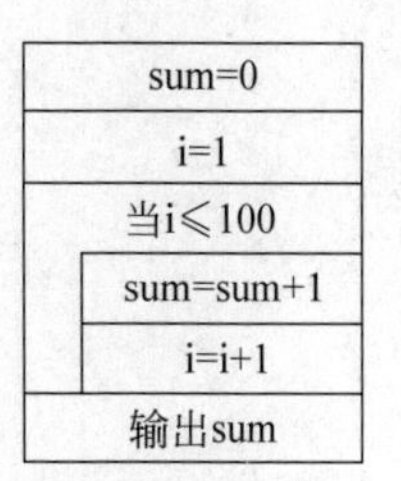

图 3-11 1+2+…+100 的 N-S 图

3.3 C 语句和结构化程序设计方法

3.3.1 C 语句的分类

从前面可知，一个 C 程序由函数构成，函数包含声明和执行部分，执行部分是由语句组成的，语句的作用是向计算机发出指令，执行相应的操作。每个语句以分号“;”作为结束符。“;”是 C 语句的重要组成部分。

C 语句可分为 5 类，它们是表达式语句、函数调用语句、复合语句、控制语句和空语句。

1. 表达式语句

表达式语句由表达式加上分号“;”组成。其一般形式为

```
表达式;
```

例如：

```
y=x*3;             /*赋值语句*/
i++;               /*自增表达式语句,i的值自动增加 1 */
z-k>15+m;          /*逻辑表达式语句*/
```

执行表达式语句就是计算表达式的值。

在程序中，最常见的是由一个赋值表达式后面跟一个“;”构成的赋值语句，其一般形式为

```
变量=表达式;
```

例如，上面的 y=x*3 是赋值表达式，“y=x*3;”则是赋值语句。赋值语句是一种可执行语句，应当出现在函数的可执行部分。程序中的很多计算都是由赋值语句完成的。

2. 函数调用语句

函数调用语句由函数名、实际参数加上分号“;”组成。其一般形式为

```
函数名(实际参数表);
```

例如：

```
printf("Hello !");
```

3. 复合语句

在 C 语言中，由一对花括号将两个或者两个以上的语句括起来构成的语句叫复合语句。其一般形式为

```
{
语句 1;
语句 2;
⋮
语句 n;
}
```

例如:

```
{
    int a,b;
    a=10;
    b*=a+1;
    printf("b=%d\n";b);
}
```

使用复合语句时,有以下几点需要注意。

(1) 书写复合语句时,若干条语句必须用一对花括号括起来。

(2) 在复合语句中的最后一条语句不可以省略";",而右花括号的后面不能加";"。

(3) 在复合语句内,不仅可以有执行语句,还可以有定义部分,定义部分应该出现在可执行语句的前面。

(4) 在程序中,复合语句与单条语句的地位相同。在选择结构和循环结构中都能看到复合语句的作用。

4. 控制语句

控制语句用于控制程序的流程,以实现程序的各种结构方式。它们由特定的语句定义符组成。C语言有9种控制语句,可分成以下3类。

条件判断语句: if语句、switch语句。

循环执行语句: do-while语句、while语句、for语句。

转向语句: break语句、goto语句、continue语句、return语句。

这些控制语句将在后面的章节详细讲述。

5. 空语句

仅由一个分号";"组成的语句,被称作空语句。其一般形式为

```
;
```

空语句也是一条语句,程序执行时不产生任何动作。在程序中,如果没有什么操作需要执行,但从语句的结构上说必须有一个语句时,可以书写一个空语句。在程序中,空语句有时可用作空循环体。

3.3.2 结构化程序设计方法

仅由顺序结构、选择结构和循环结构组成的程序称为结构化程序。结构化程序设计由E. W. Dijikstra于1965年提出,是软件发展的一个重要的里程碑。

结构化程序设计的主要观点和原则: 采用自顶向下、逐步求精的程序设计方法;使用3种基本控制结构构造程序。

1. 采用自顶向下、逐步求精的程序设计方法

1) 自顶向下

程序设计时,应先考虑总体,后考虑细节;先考虑全局目标,后考虑局部目标。不要一开始就过多追求众多的细节,先从最上层总目标开始设计,逐步使问题具体化。

2) 逐步求精

对复杂问题,应设计一些子目标作为过渡,逐步求精。

3) 模块化设计

一个复杂问题肯定是由若干稍简单的问题构成。模块化是把程序要解决的总目标分解为子目标,再进一步分解为具体的小目标,通常把每一个小目标称为一个模块。

2. 使用3种基本控制结构构造程序

任何程序都可由顺序、选择、循环3种基本控制结构构造。以模块化设计为中心,将待开发的软件系统划分为若干个相互独立的模块,这样可使完成每个模块的工作变得单纯而明确,为设计一些较大的软件打下良好的基础。

3.4 格式输入和输出语句

3.4.1 输入输出的概念和C语言中的实现

1. 输入输出的概念

在程序执行过程中,经常需要从外部设备(如键盘)得到一些原始数据,通常将这种操作称为"输入"。当程序运行结束后,又需要将计算结果发送到计算机的外部设备(如显示器)上,便于对结果进行分析,通常将这种操作称为"输出"。

2. 标准库函数

在C程序设计中,数据的输入输出是通过调用标准库函数提供的输入输出函数实现的,如scanf()和printf()和函数。注意,千万不要把这些函数看成C语言的输入输出语句,这些函数不是C语言的关键字,只是函数的名字。C语言提供的函数以库的形式存放在系统中,它们不是C语言的组成部分。本节重点介绍最常用的格式输出函数printf()、格式输入函数scanf()、字符输出函数putchar()和字符输入函数getchar()4个标准输入输出函数。

3. 预处理

使用C语言的库函数时,要用编译预处理命令#include将有关头文件包含到源文件中。使用标准输入输出库函数时要用到<stdio.h>头文件,文件后缀h是head的缩写。在程序的开头应写上预处理命令:

```
#include <stdio.h>
```

或

```
#include <stdio.h>。
```

stdio是standard input&output的缩写,包含了标准I/O库有关的变量定义和宏定义(有关宏编辑预处理知识见第11章)。

3.4.2 格式输出函数 printf()

在C程序中经常需要输出若干个任意类型的数据，这时就要用到格式输出函数 printf()，它是C语言提供的标准输出函数，也是C语言中应用最广泛的语句。

1. printf()调用的一般形式

格式输出函数的作用是按指定的格式进行格式控制，在标准输出设备上输出输出表列中的各项值。

printf()的一般调用格式为

```
printf("格式控制",输出表列);
```

例如：

```
printf("i=%d, c=%d\n", i, c);
```

格式控制输出表列中的各输出项之间要用逗号分隔。要求格式字符串和输出表列在数量和类型上应一一对应。

1）格式控制

printf()的格式控制是用双括号括起来的字符串，称为"转换控制字串"，简称"格式字符串"，由格式声明和普通字符两个信息组成。

① 格式声明。

格式声明由%和格式字符组成。例如，"%d"的作用是将输出表列中的数据以十进制整数的格式输出。格式声明总是以%开始。

② 普通字符。

需要原样输出的字符，即在格式控制中除格式声明外的其他字符。例如，上面 printf()函数中双括号内的逗号和换行符。

2）输出表列

输出表列是由逗号分隔的待输出的表达式表，可以是变量、表达式或常量。格式控制中格式声明符的个数和输出表列的项数应该相等，并且在顺序上应该从左到右依次对应。

printf()函数例子说明如下：

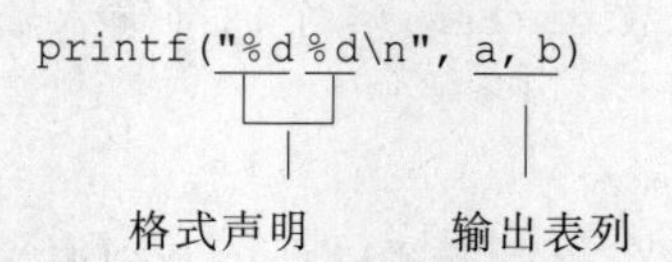

下面是 printf()函数的程序举例。

【例 3-5】 用 printf()进行格式化输出。

程序代码如下：

```
#include <stdio.h>
int main()
{
    int a=6, b=-8;
    float c=5.76;
    printf("a=%d\nb=%d\nc=%f\n", a, b, c);                //输出变量a、b、c
```

```
    return 0;
}
```

运行结果为

```
a=6
b=-8
c=5.760000
```

参照上例，使用 printf()时，需要注意 4 个问题。

(1) 输出表列中的每个输出项必须有一个与之对应的格式声明。每个格式声明均以%开头，以一个格式符（如 d 或 f）结束。输出项和格式符必须按照从左到右的顺序在类型上一一匹配。

(2) 格式控制字符串可以包含转义符，如\n、\t 等。

(3) 除格式指示符和转义字符外的其他字符，将“原样输出”。例如，上面例子中的“a=”“b=”和“c=”等。

(4) 如果需要输出百分号(%)，则应在格式控制串中用两个连续的百分号%%表示。

2. 格式字符

如前所述，输出时不同类型的数据，格式声明也不同，而格式声明的重点是格式字符。下面说明常用的几种格式字符。

(1) d 格式符。

d 格式符是将输出项按十进制整数（有符号数）格式输出，通常有以下 3 种用法。

① %d，按整型数据的实际长度输出。

② %md，m 为指定的输出数据占用的宽度。若数据的位数小于 m，则右端对齐，左端补空格；否则按实际长度输出，例如：

```
printf("a=%3d,b=%3d", a, b);
```

当执行这个 printf()函数时（假设 a 的值为 12，b 的值为 1234），输出结果为 a=12，b=1234。

③ %ld，用来输入输出长整型（即 long 型）数据。

(2) c 格式符。

c 格式符将数据按字符形式输出。一个字符在内存中存储的是其 ASCII 码值，并且占用 1B，ASCII 码与相应的整数存放形式相同。因此，对于一个整数，只要它的值在 0～255，就可以用%c 的格式使这个整数按字符形式输出，输出前系统会将该整数作为 ASCII 码转换为相应的字符；反之，一个字符也可以用整数形式输出。

(3) s 格式符。

s 格式符用来输出一个字符串，通常有以下 5 种用法。

① %s 按字符串原长输出。如：

```
printf("%s","CHINA");
```

输出结果为 CHINA。

② %ms 输出的字符串占 m 列，若串长小于 m，则右端对齐，左补空格，否则输出全部字符。

③ %-ms 输出的字符串占 m 列,若串长小于 m,则左端对齐,右补空格,否则输出全部字符。

④ %m. ns 输出的字符串占 m 列,但只取左端 n 个字符,右对齐。

⑤ %-m. ns 输出的字符串占 m 列,但只取左端 n 个字符,左对齐。

【例 3-6】 按不同的格式输出字符串。

程序代码如下:

```
#include <stdio.h>
int main()
{
    printf("%s,%-7s,%6.3s,%5s","world","world","world","world");
}
```

运行结果为

```
world,world,  wor,world
```

(4) f 格式符。

f 格式符是按小数形式输出实型数据,通常有以下 4 种用法。

① %f,整数部分全部输出,小数部分输出 6 位;单精度有效位为 7 位,双精度有效位为 16 位。

② %m. nf 输出数据共占 m 列,其中有 n 位小数,第 n+1 位自动四舍五入,右对齐,左端补空格。

③ %-m. nf 输出数据共占 m 列,其中有 n 位小数,左对齐,右端补空格。

④ %lf 输出 double 型数据,double 型数据输出时可用%f,但输入时必须用%lf。

【例 3-7】 按不同的格式输出实数。

程序代码如下:

```
#include <stdio.h>
int main( )
{
  float y;
y=1.239;
printf("y=%f,%6.2f,%.2f",y,y,y);
}
```

运行结果为

```
y=1.239000, 1.24,1.24
```

(5) e 格式符。

e 格式符以指数形式输出实数,通常有以下几种写法。

① %e 数值按规范化指数形式输出,即小数点前必须有且只有 1 位非零数字。

如

```
printf("%e",123.456);
```

输出结果为 1.23456e+02 (不同的编译系统,输出结果的形式略有不同)。

② %m.ne 和%-m.ne 中 m、n 和“-”的含义与前相同。此处的 n 指输出数据的小数部分的小数位数。

以上几种输出格式是常用的，在以后各章节中会经常用到，读者可以在实际使用中加深理解并掌握。C 语言还提供了几种输出格式符，如 i、o 和 x，因为用得相对较少，这里不详细介绍。为方便查阅，printf()常用的格式声明见表 3-1。

表 3-1 printf()函数常用的格式声明符

格式字符	含 义
d	输出带符号的十进制整型数
c	输出一个字符
s	输出字符串中的字符，以“\0”作为其最后一个字符
f	以小数点形式输出单、双精度数，隐含输出 6 位小数
e	以标准指数形式输出单精度和双精度数，隐含输出 6 位小数
o	以八进制无符号形式输出整型数
u	按无符号的十进制形式输出整型数
x 或 X	以十六进制无符号形式输出整型数，对于 x，用 a～e 输出；对于 X，用 A～E 输出
g	由系统决定采用%f 格式，还是采用%e 格式

结合前面的介绍，在格式声明中，在%和上述格式字符之间可以插入如 l、m、n 和一等字符，它们就是格式附加字符，又称为修饰符，起到补充声明的作用。printf()函数用到的格式附加字符见表 3-2。

表 3-2 printf()函数用到的格式附加字符

格式字符	说 明
l	用于长整型整数，可加在格式符 d、o、x、u 前面
m	数据最小宽度
n	对实数，表示输出 n 位小数；对字符串，表示截取的字符个数
-	输出的数字或字符在域内向左靠

3.4.3 格式输入函数 scanf()

在 C 程序中需要输出，也需要输入，这时就要用到格式输入函数 scanf()，同 printf()，它是 C 语言提供的标准输入函数，下面进行系统说明。

1. scanf()调用的一般形式

格式输入函数的作用是按格式控制指定的格式，在标准输入设备上(如键盘)输入地址表列中的各项值。

scanf()的一般调用格式为

```
scanf("格式控制",地址表列);
```

例如：

```
scanf("%d, %d",&a, &b);
```

scanf()的格式控制的含义同 printf()函数，地址表列是由若干个地址组成的表列，可以是变量的地址，或字符串的首地址。格式控制字符串中格式说明符的个数应和地址表列中的项数相等，顺序为从左到右依次对应。

【例 3-8】 用 scanf()函数输入数据。

程序代码如下：

```
#include <stdio.h>
int main( )
{
int a,b;
scanf("%d%d",&a,&b);
printf("%d,%d\n",a,b);
}
```

运行结果为：

```
3 5
3, 5
```

在本例中，& 是地址运算符，&a 是指 a 在内存中的地址。当执行 scanf()函数时，系统会把输入的数据存放到地址表列中的各地址中。"%d%d"表示按十进制整数形式输入两个数据。输入数据时，数据间以一个或多个空格隔开，也可以用回车键或跳格键（即 Tab 键）分隔数据。

注意：如果遇到非法输入，则输入过程自动结束。例如，要求输入整数时，若输入了一个字母，则输入过程就结束了。

2. scanf()格式声明

scanf()格式声明与 printf()函数中的格式声明类似，以%开始，以格式字符结束，中间可以插入附加字符。

例 3-8 的 scanf()函数还可以写成以下形式：

```
scanf("a=%d,b=%d",&a,&b);
```

即在格式字符串中除了有格式声明%d 外，还可以有普通字符（如 a=、b=和“,”）。scanf()函数用的格式字符和附加字符的用法与 printf()函数的用法类似。scanf()函数常用的格式声明符见表 3-3。scanf()函数用到的格式附加字符见表 3-4。

表 3-3 scanf()函数常用的格式声明符

格式字符	含　义
d	输入带符号的十进制整型数
c	输入一个字符
s	输入字符串中的字符，将字符串送到一个字符数组中，以'\0'作为其最后一个字符
f	用来输入实数，可以用小数形式或指数形式输入

续表

格式字符	含　义
e，g	与 f 作用相同，e 与 f、g 可以互相替换
o	以八进制无符号形式输入整型数
u	以无符号的十进制形式输入整型数
x 或 X	以十六进制无符号形式输入整型数；对于 x，用 a～e 输入；对于 X，用 A～E 输入

表 3-4　scanf()函数用到的格式附加字符

格式字符	说　明
l	用于输入长整型整数，可加在格式声明符 d、o、x、u 前面
h	用于输入短整型数据
m	指定输入数据所占宽度(列数)，应为正整数
*	表示输入项在读入后不赋给相应的变量

表 3-3 和表 3-4 是备查使用，不须掌握，会用基本形式输入数据即可。

3.5　字符串输入和输出语句

3.5.1　字符型输入函数 getchar()

getchar()函数的作用是从输入设备(键盘)输入一个字符。

1. 调用格式

getchar()函数的调用格式为

```
getchar();
```

2. 功能

getchar()函数本身没有参数，其函数值就是从键盘上得到的字符。输入时，空格、回车键等都将作为字符读入，而且只有在用户输入回车键时，读入才开始执行。

【例 3-9】 用 getchar()函数输入字符。

程序代码如下：

```
#include <stdio.h>
int main()
{
    char c1, c2;
    c1=getchar();
    c2=getchar();
    printf("c1=%c,c2=%c\n", c1, c2);
    printf("c1=%d,c2=%d\n", c1, c2);
}
```

执行该程序时，若输入 ab↙，则输出为

```
c1=a, c2=b
c1=97,c2=98
```

若输入 a↙，则输出为

```
c1=a, c2=
c1=97,c2=10
```

从上面的例子可知，getchar()函数只能接收一个字符，得到的是字符 ASCII 码值，可以赋给一个字符型变量，也可以赋给一个整型变量。当程序执行时，若输入回车键，则回车符也作为字符被读入并存在变量中，其中回车符对应的 ASCII 码值是 10。

【例 3-10】 将输入的小写字母转换成大写字母后输出。

```
#include <stdio.h>
int main()
{
    char a, b, c;
    a=getchar();
    b=getchar();
    c=getchar();
    a=a-32;
    b=b-32;
    c=c-32;
    printf("%c%c%c",a,b,c);
    return 0;
}
```

运行结果为

```
abc↙
ABC
```

3.5.2 字符型输出函数 putchar()

putchar()函数的作用是把一个字符输出到标准输出设备(如显示器)上。

1. 调用格式

putchar()函数的调用格式为

```
putchar(ch);
```

2. 功能

putchar()函数参数的类型一般为字符型或整型，参数也可以是字符型常量，包括控制字符和转义字符、字符变量和整型变量。

【例 3-11】 分析输出函数 putchar()的使用。

程序代码如下：

```
#include <stdio.h>
int main()
{
    char c='A';
    int i;
    i=c+1;
    putchar(getchar());
    putchar('w');
    putchar(65);
    putchar('\n');
    putchar('\141');
    putchar(c);
    putchar(i);
    return 0;
}
```

运行结果为

```
b↙
bwA
aAB
```

注意：对控制字符，则执行控制功能，不在屏幕上显示；putchar()函数还可以以getchar()函数输入字符为参数；参数'\141'是a的ASCII码值97的八进制表示形式。

3.6 顺序结构C程序实例

通过案例总结顺序结构程序设计的应用，本案例中使用了int、float类型、传统流程图、输入输出scanf()函数和printf()函数。

1. 问题一

从键盘输入一个4位正整数n，设该正整数为abcd，求另一个整数m，m为n的逆序，即m为dcba。如设输入整数为1234，则求得的整数为4321。

分析：要将整数逆序输出，须先求出每位上的数值，再按逆序依次将获得的数值乘以1000、100、10和1，累加后输出即得到结果。

程序代码如下：

```
#include <stdio.h>
int main( )
{
int n,m,a,b,c,d;
printf("请输入一个4位正整数n:\n");
scanf("%d",&n);
a=n/1000;                                    /*求千位上的数字*/
b=n/100%10;                                  /*求百位上的数字*/
c=n/10%10;                                   /*求十位上的数字*/
```

```
d=n%10;                                              /*求个位上的数字*/
m=d*1000+c*100+b*10+a;
printf("n=%d,m=%d\n",n,m);
return 0;
}
```

运行结果为

```
2684↙
n=2684,m=4862
```

2. 问题二

输入 3 条边,如果能构成三角形,就计算其面积,否则输出不是三角形的信息。

分析:

(1) 已知三角形的边长为 a、b、c,则该三角形的面积公式为

$$area=\sqrt{s(s-a)(s-b)(s-c)},$$

其中,

$$s=(a+b+c)/2$$

(2) 开根号调用函数 sqrt( )。

(3) sqrt()函数需要添加头文件 math.h。

(4) 画出此程序的流程图,如图 3-12 所示。

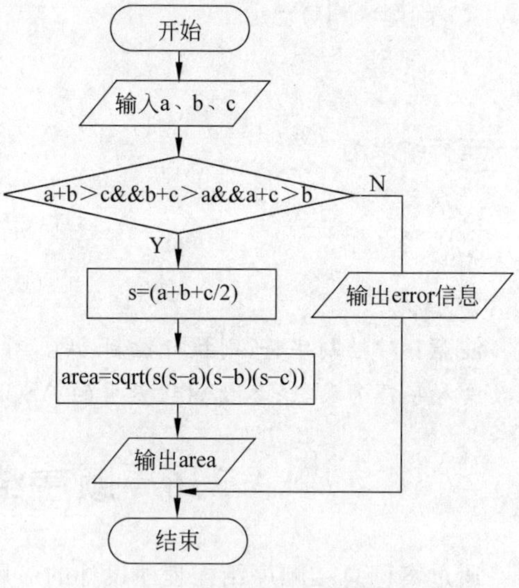

程序代码如下:

开始

输入a、b、c

a+b>c&&b+c>a&&a+c>b

Y

N

s=(a+b+c/2)

输出error信息

area=sqrt(s(s−a)(s−b)(s−c))

输出area

结束

图 3-12　求三角形面积流程图

```
#include "math.h"
#include <stdio.h>
int main()
{
int a,b,c;
float s,area;
scanf("%d%d%d",&a,&b,&c);
    if(a+b>c&&b+c>a&&a+c>b)            /*任意两边之和大于第三边,则能构成一个三角形*/
    {
        s=(a+b+c)/2.0;
        area=sqrt(s*(s-a)*(s-b)*(s-c));
        printf("area=%.2f\n",area);
    }                                          /*{}将里边的三条语句构成一条复合语句*/
    else                                       /*否则不能构成三角形*/
        printf("it is not a triangle\n");      /*输出不是三角形的信息*/
    }
```

运行结果为

```
1 2 1↙
it is not a triangle
3 4 5↙
```

```
area=6.00
```

说明：程序中用 if-else 语句完成选择结构(if 语句详见第 4 章)，如果条件成立，则计算面积，否则输出相应的信息。

习　题

1. 输入并编辑下面的程序。

```
int main()
{
    int a,b;
    float c,d;
    char c1,c2;
    scanf("%c%c",&c1,&c2);
    scanf("%d%d",&a,&b);
    scanf("%f%f",&c,&d);
    printf("\n");
    printf("c1=%c c2=%c\n",c1,c2);
    printf("a=%7d,b=%7d\n",a,b);
    printf("c=%10.2f,d=%10.2f\n",c,d);
}
```

(1) 用下面的测试数据，对程序进行测试。

```
c1='a',c2='b'a=123,b=456,c=17.6,d=71837.65
```

(2) 将输入 a 和 b 的语句改为

```
scanf("%d,%d",a,b);
```

程序运行将出现什么问题？原因是什么？

(3) 请读者修改程序，改变数据输入的形式，分析各种情况下的输入与输出。

(4) 在"scanf("%c%c",&c1,&c2);"语句前加一个语句"getchar();"，结果是什么？

(5) 把转义字符 \n 换成 \r，验证转义字符\n 与 \r 的意义有何不同。

2. 计算理财利息。有 10000 元，想存 1 年，有 3 种方法可选

(1) 一年期定期，年利率为 r1(r1＝0.02)。

(2) 存两次半年定期，年利率为 r2(r2＝0.018)。

(3) 购买银行理财产品，两次半年定期，年利率为 r3(r3＝0.038)。

请编程，计算一年后每种方法得到的本息和。

3. 有两个数 28 和 7.2，编程计算这两个数加、减、乘、除的结果并输出。

4. 编写程序，用 getchar()函数接收一个字符，用 printf()函数显示；用 scanf()函数接收一个字符，用 putchar()函数显示。

5. 编写程序，设圆柱体的半径 r＝3，圆柱的高 h＝5.0，求该圆柱体的表面积和体积。要求用 scanf()函数输入数据，输出时有文字说明，取小数点后两位。

第4章 选择结构程序设计

在解决实际问题过程中，许多时候需要根据给定的条件决定所做的事情。解决这类问题需要用选择结构程序实现。选择结构是结构化程序设计的基本结构之一，其作用是根据给定的条件是否满足，决定从给定的两个或多个分支中选择其中一个分支执行。本章主要讨论选择结构的使用方法。

4.1 选择结构

选择结构要根据某个条件的满足与否，决定执行不同的操作。C语言中的条件判断通常由关系表达式和逻辑表达式完成。实现选择结构有if和switch两种语句。

4.1.1 关系运算符和关系表达式

1. 关系运算符

关系运算符用于对两个量进行大小的比较。C语言提供了6个关系运算符。

```
<(小于)  <=(小于或等于)  >(大于)  >=(大于或等于)
==(等于)  !=(不等于)
```

关系运算符都是双目运算符，左结合，其优先级高于赋值运算符，低于算术运算符。关系运算符中<、>、<=和>=的优先级高于==和!=。例如：

```
a+b<c==c>b
```

应理解为

```
((a+b)<c)==(c>b)
```

2. 关系表达式

用关系运算符将两个运算对象连接起来的合法的式子称为关系表达式。关系表达式的值只有两个。关系表达式成立时，表示“真”，其值为1；关系表达式不成立时，表示“假”，其值为0。例如，3<5的值为1，3>5的值为0，3==5的值为0，3!=5的值为1。

说明：关系表达式5>3>2的值为0，即C语言中的关系表达式和数学中的不等式不是等价的，对C语言中的关系表达式5>3>2，计算时按照优先级和左结合的规则，相当于

(5>3)>2,先计算 5>3 的值为 1,再计算 1>2 的值为 0。所以,要表达数学意义上的 a>b>c 时,不可以直接写成 a>b>c,而要表达出 a>b 同时 b>c 的意义,就要用到逻辑运算符,写成 a>b&&b>c。

4.1.2 逻辑运算符和逻辑表达式

1. 逻辑运算符

C 语言提供了 3 个逻辑运算符:

```
&&(逻辑与)        ||(逻辑或)        !(逻辑非)
```

逻辑非(!)为单目运算符,右结合,优先级高于算术运算符;逻辑与(&&)和逻辑或(||)为双目运算符,左结合,优先级低于关系运算符,高于赋值运算符。&& 的优先级高于||。

2. 逻辑表达式

用逻辑运算符连接的合法的式子称为逻辑表达式。逻辑表达式的值应该是一个逻辑量“真”或“假”。C 给出逻辑运算结果时,以数值 1 代表“真”,以 0 代表“假”,但判断一个量是否为“真”时,以 0 代表“假”,以非 0 代表“真”。

【例 4-1】 已知 a=4,b=5,求下列表达式的值。

```
!a                   值为 0
a&&b                 值为 1
a||b                 值为 1
!a||b                值为 1
4&&0||2              值为 1
5>3&&2 ||8<4-!0      值为 1
```

说明:在进行逻辑表达式的求解中,并不是所有的逻辑运算符都可被执行到,只是在必须执行下一个逻辑运算符才能求出表达式的值时,才执行该运算符。例如:

计算表达式 a||b||c 的值

若 a 为真,则表达式的值一定为真,那么后面的 b 和 c 的值对整个表达式的值没有影响,就不用计算后面的 b 和 c 值了。

【例 4-2】 已知 a=1,b=2,c=3,d=4,m=1,n=1,计算(m=a>b) && (n=c>d)的值。

解:

该逻辑表达式的值为 0。

该逻辑表达式执行结束后 m 的值为 0。

该逻辑表达式执行结束后 n 的值为 1。

说明:由于 m=(a>b)的值为 0,因此整个逻辑表达式的值就已经确定为 0 了,于是 && 后边的表达式(n=c>d)不被执行,因此 n 的值仍然保持为 1。

4.1.3 条件运算符和条件表达式

1. 条件运算符

条件运算符由“?”和“:”两个符号组成,是 C 语言中唯一的一个三目运算符。它是右结合的,优先级高于赋值运算符,低于逻辑运算符。

2. 条件表达式的一般形式

条件表达式的一般形式:

```
表达式 1 ? 表达式 2 : 表达式 3
```

执行过程:如果表达式1为真,则条件表达式取表达式2的值,否则取表达式3的值。

例如:“max=(a>b)? a:b;”相当于

```
if (a>b)  max=a;
else      max=b;
```

4.2 if 语 句

当程序中需要根据某个条件是否满足选择执行不同的操作时,就可以用到if语句。if语句有3种形式。

1. 单分支的形式

if语句的单分支的一般形式为

```
if(表达式)
   语句
```

执行过程:如果if后括号内的表达式成立,即其值为1,则执行后面的语句。

【例 4-3】 输入一个数,如果是正数,就打印出来,否则什么也不做。

程序代码如下:

```
#include <stdio.h>
int main()
{
    intx;
    scanf("%d",&x);
    if (x>0)
        printf("%d\n",x);
    printf("abc\n");                  /*这条语句不受x值的影响,无论x为何值,都要执行*/
}
```

运行结果为

```
a↙
abc
5↙
5
abc
```

说明:

(1) 程序中if语句的x>0即一般形式中的“表达式”,“printf("%d\n",x);”对应一般形式中的“语句”,表示如果x>0这个条件成立,就执行后面的printf语句。

(2) 一般形式中的语句是指一条语句,如果条件成立时需要执行多条语句,就必须使用{}将多条语句括起来,构成一条复合语句。

2. 双分支的形式

if 语句的双分支的一般形式为

```
if (表达式)
    语句 1
else
    语句 2
```

执行过程:如果表达式成立,就执行 if 后面的分支,即语句 1,否则执行 else 分支,即语句 2。

【例 4-4】 输入一个学生的成绩,判断是否及格。

程序代码如下:

```
#include <stdio.h>
int main()
{
    int cj;
    scanf("%d",&cj);
    if (cj>=60)
        printf("pass\n");          /* 条件成立时,输出 pass */
    else
        printf("fail\n");          /* 条件不成立时,输出 fail */
}
```

运行结果为

```
88↙
pass
```

3. 多分支的形式

if 语句的多分支的一般形式为

```
if(表达式 1)语句 1
else if(表达式 2)语句 2
        ⋮
else if(表达式 m)语句 m
else 语句 n
```

执行过程:首先判断表达式 1 的值是否非 0,如果非 0,就执行语句 1,整个 if 语句结束,否则再判断表达式 2 的值是否非 0,如果非 0,就执行语句 2,整个 if 语句也结束,否则判断表达式 3 是否成立……这样一直下去,如果 if 后面的所有表达式的值都为 0,就执行 else 后面的语句 n。在这样的多分支结构中,只有一条语句会被执行到。若最后的 else 不存在,并且前面的所有条件都不成立,则该 if-else if 结构将不执行任何操作。

【例 4-5】 有如下分段函数,根据输入的 x 值,求出相应的 y 值。

$$y=\begin{cases}x-1 & x<0\\ 2 & x=0\\ \sqrt{2x} & x>0\end{cases}$$

程序代码如下：

```
#include "math.h"
#include <stdio.h>
int main()
{
    float x,y;
    scanf("%f",&x);
    if(x<0) y=x-1;
    else if(x==0) y=2;
    else y=sqrt(2*x);
    printf("x=%.2f,y=%.2f\n",x,y);
}
```

运行结果为

```
8↙
x=8.00,y=4.00
-5↙
x=-5.00,y=-6.00
0↙
x=0.00,y=2.00
```

说明：if 语句的第 3 种形式属于 if 语句的规则嵌套，即所有的嵌套部分都放在 else 分支中。所谓 if 语句的嵌套，是指在 if 分支或 else 分支中又包含一个 if 语句。下面是用到 if 语句的嵌套的例子。

【例 4-6】 输入学生的成绩，输出其对应的等级，优、良、中、及格和不及格分别用 A、B、C、D 和 E 表示，如果输入的数据不为 0～100，则输出数据错误的信息。

程序代码如下：

```
#include <stdio.h>
int main()
{  int cj;
   scanf("%d",&cj);
   if(cj>=0&&cj<=100)            /*成绩为 0～100,才输出其对应的等级*/
   if(cj>=90)     printf("A");
   else if(cj>=80)    printf("B");
   else if(cj>=70)    printf("C");
   else if(cj>=60)    printf("D");
   else           printf("E");
   else
   printf("data error\n");
}
```

运行结果为

```
120↙
data error
88↙
B
```

说明：在if语句的嵌套结构中，应注意if与else的配对关系，else总是与它前面最近的未配对的if配对，若if与else的数目不一致，则可以加{}确定配对关系。

4.3 switch语句

前面用if语句完成了多分支程序，除if语句外，switch也是多分支语句，即switch结构与else if结构是多分支选择的两种形式。它们的应用环境不同：else if用于对多条件并列测试，从多种结果中取一种的情形；switch用于单条件测试，从多种结果中取一种的情形。

1. switch语句的一般形式

```
switch(表达式)
{
    case  常量表达式 1 : 语句 1;
    case  常量表达式 2 : 语句 2;
       ⋮
    case  常量表达式 n : 语句 n;
    default           : 语句 n+1;
}
```

2. switch语句的执行过程

switch结构也称标号分支结构，每个case子句都以一个常量表达式作为标号，执行时首先计算switch后面括号中表达式的值，然后按照计算结果依次寻找与之相等的case标号值，找到之后就将流程转至标号处，并从此处往下执行；如果找不到与之匹配的case标号值，就从default标号后往下执行。当不存在default子句并且没有相符的case子句时，switch语句将不被执行。

【例4-7】 输入学生的成绩，输出其对应的等级，用switch语句完成。

程序代码如下：

```
#include <stdio.h>
    int main()
    {  int cj;
       scanf("%d",&cj);
       if (cj>100||cj<0)
         printf("data error\n");
       else
         switch(cj/10)              /* 求成绩的十位数,由十位数的值确定对应的等级 */
         {  case 10:
            case 9: printf("A");
```

```
            case 8: printf("B");
            case 7: printf("C");
            case 6: printf("D");
            default: printf("E");
        }
    }
```

运行结果为

```
84↙
BCDE
```

说明：

(1) 当输入 84 时，输出结果为 BCDE，即程序 1 不能正确完成要求的功能。

(2) case 子句只起到语句标号的作用，它没有条件判断的功能，找到匹配的 case 标号只是找到一个入口，执行完 case 后面的语句后，流程控制转移到下一个 case 标号后的语句继续执行。如果想要每个 case 执行之后，流程就跳出 switch 结构，即终止 switch 语句的执行，则需要使用一条 break 语句达到此目的。

程序代码如下：

```
#include <stdio.h>
int main()
{
    int cj;
      scanf("%d",&cj);
      if (cj>100||cj<0)
        printf("data error\n");
      else
        switch(cj/10)
          {
              case 10:
              case 9: printf("A");break;
              case 8: printf("B");break;
              case 7: printf("C");break;
              case 6: printf("D");break;
              default: printf("E");
          }
    }
```

运行结果为

```
85↙
B
```

注意：

(1) case 标号只是起到入口的作用，如果想流程只执行 case 后面对应的语句，而不是顺序往下执行，需加 break 语句。

(2) case后面的表达式应是整型常量表达式，不能包含变量或函数。

(3) 每个case的常量表达式的值必须互不相同，否则就会出现互相矛盾的现象。

(4) 每个case后面都有break语句时，各个case的出现次序不影响执行结果。

(5) 多个case可以共用一组执行语句。如：

```
case 10:
case 9: printf("A");break;
```

(6) 匹配测试只能测试是否相等，不能测试关系表达式或逻辑表达式，即case没有条件判断的功能，所以不能写case cj>=90等，而需要精心设计switch后面的表达式，使其只取有限的几个值。

【例4-8】 有下面的分段函数，根据输入的x值，求相应的y值。

$$y=\begin{cases} x & x<1000 \\ 0.9x & 1000\leqslant x<2000 \\ 0.8x & 2000\leqslant x<3000 \\ 0.7x & x\geqslant 3000 \end{cases}$$

程序代码如下：

```
#include "stdio.h"
    main()
    {  float x,y;
       scanf("%f",&x);
         switch((int)(x/1000))
         {
             case 0: y=x;break;
             case 1: y=0.9*x;break;
             case 2: y=0.8*x;break;
             default:y=0.7*x;break;
         }
    printf("x=%f,y=%f\n",x,y);
      }
```

习　　题

1. 执行以下程序段后，i的值为

```
int i=10;
  switch(i)
    {
        case 9:i+=1;
        case 10:i+=1;
        case 11:i+=1;
        default:i+=1;
}
```

2. 读程序,写出运行结果。

```
#include <stdio.h>
int main()
{  int a,b,c;
   a=2;b=3;c=1;
   if(a>b)
   if(a>c)
   printf("%d\n",a);
   else printf("%d\n",b);
   printf("end\n");
}
```

3. 根据分段函数的表达式,输入一个 x,输出对应的 y 值。

$$y=\begin{cases}\frac{1}{2}e^{x}+\sin(x) & x>1\\ \sqrt{2x+5} & -1<x\leqslant 1\\ |x-3| & x\leqslant -1\end{cases}$$

4. 输入 1~7 中的任意一位数字,输出对应的星期几的英文单词。
5. 从键盘输入一个班 30 个学生的成绩,统计各分数段的人数。
6. 设计一个计算器程序。用户输入运算数和四则运算符,输出计算结果。

第 5 章 循环结构程序设计

循环是计算机解题的一个重要特征。计算机运算速度快，最善于进行重复性的工作。设计程序时，人们总是把复杂的、不易理解的求解过程转换为易于理解的、操作简单的多次重复过程。这样，一方面可以降低问题的复杂性，降低程序设计的难度，减少程序书写及输入的工作量；另一方面可以充分发挥计算机运算速度快，能自动执行程序的优势。本章介绍 while 语句、do-while 语句和 for 语句等各种循环语句的使用方法。

5.1 while 语句

while 循环语句可以实现带条件判断的循环结构，是循环语句中比较常用的语句之一。

while 语句的语法格式：

```
while(表达式)
    循环体语句
```

(1) 作用：实现“当型”循环，只要表达式非零，就一直执行循环体语句。

(2) 特点：先判断表达式，后执行循环体语句。

(3) 执行过程：首先计算表达式的值，如果表达式的值非零，则执行循环体语句，否则跳过循环体，执行 while 后面的语句。进入循环体之后，每次执行完循环体语句后都回来判断表达式的值，如果非零，继续执行循环体，如果为零，则退出循环。while 语句流程如图 5-1 所示。

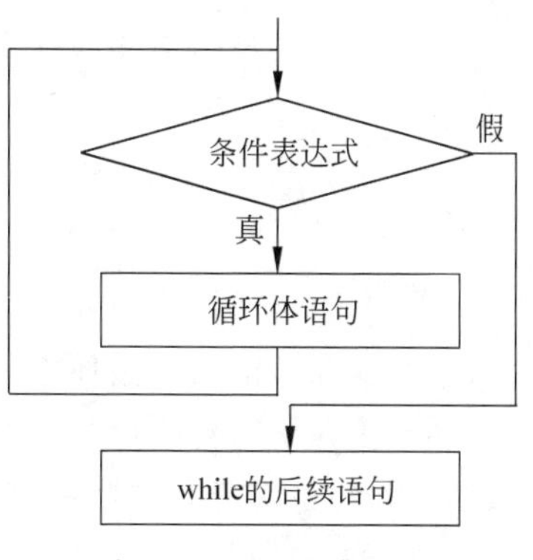

图 5-1　while 语句流程

说明：循环体语句只能是一个语句，既可以是简单语句，也可以是复合语句，即用大括号{}括起来的若干条语句。执行循环体的次数是由循环条件控制的，这个循环条件就是上面语法格式的“表达式”，也称“循环条件表达式”。

【例 5-1】 输入 4 个学生的成绩，求总和。

程序代码如下：

```
#include <stdio.h>
int main ( )
```

```
{  int i=1,s=0,x;
   while (i<=4)
     {  scanf("%d",&x);
        s=s+x;
        i++;
     }
   printf("%d\n",s);
}
```

运行结果为

```
68 78 96 84 ↵
326
```

【例 5-2】 用 while 语句求 1＋2＋3＋…＋100 的值。

分析：

(1) 用变量 sum 存放和，sum 的初值为 0；

(2) 用变量 i 表示累加变量，i 的初值为 1；

(3) 循环条件 i＜＝100。

图 5-2 为求 1～100 的和的流程图。

程序代码如下：

```
#include <stdio.h>
    int main()
    {  int i=1,sum=0;
       while(i<=100)
       {  sum+=i;
          i++;
       }
       printf("sum=%d\n",sum);
    }
```

运行结果为：

```
sum=5050
```

说明：while 语句中循环体语句的顺序、循环变量的初值和循环条件之间相互影响。例如，把循环变量 i 的初值设为 0，同时循环体语句改为{i＋＋；sum＋i;}，则相应的循环条件需改为 i＜100。写循环的程序时，要特别注意循环初值、语句顺序和循环条件之间的相互影响，避免多加一项或少加一项。

【例 5-3】 输入若干个学生的成绩，求其平均成绩，以－1 为终止标志。

分析：求平均成绩须先求学生个数 n 和成绩总和 sum，输入的成绩用 x 表示，x 如果不等于－1，就进行求和及计数；x 如果等于－1，就结束循环，然后求平均成绩。图 5-3 为求平均成绩的流程图。

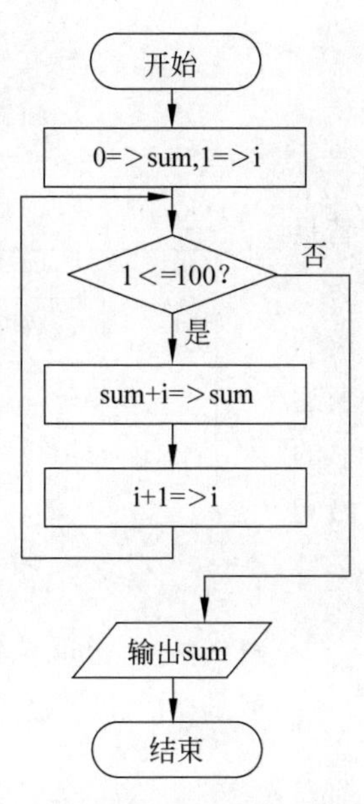

图 5-2 求 1～100 的和的流程图

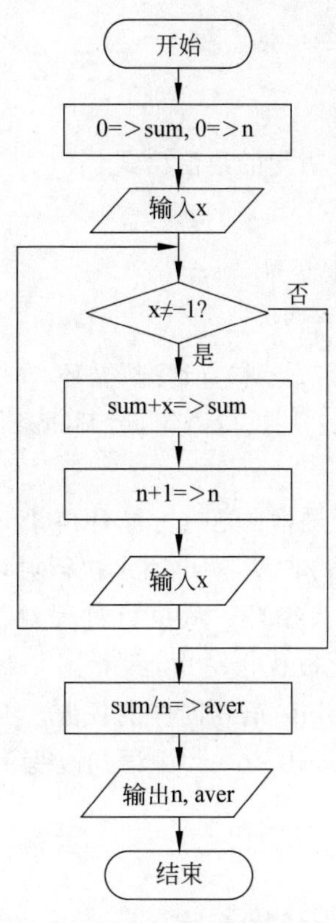

图 5-3 求平均成绩的流程图

程序代码如下：

```
#include <stdio.h>
int main()
{
    int x,sum=0,n=0;
    float aver;
    scanf("%d",&x);
    while(x!=-1)
      { sum+=x;                /*求成绩和*/
        n++;                   /*计数*/
        scanf("%d",&x);        /*输入下一个成绩*/
      }
    aver=sum*1.0/n;
    printf("%d个学生的平均成绩为%.2f\n",n,aver);
}
```

运行结果为

```
66 78 92 83 75 68 -1↵
6个学生的平均成绩为77.00
```

5.2 do-while 语句

do-while 语句的语法格式：

```
do
    循环体语句
while(表达式);
```

(1) 作用：实现“直到型”循环。

(2) 特点：先执行语句，后判断条件，直到条件不满足为止。

(3) 执行过程：先执行循环体语句，再求解表达式的值，如果表达式非零，就再回来执行循环体语句；如果表达式为零，就结束循环。从执行过程看，do-while 语句中的循环体至少会被执行一次，参看图 5-4。用 do-while 语句可以完成与 while 语句同样的任务。

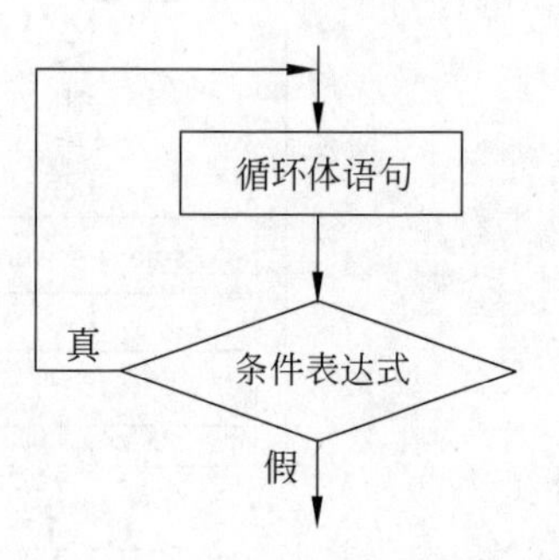

图 5-4　do-while 语句的传统流程图

【例 5-4】　用 do-while 语句改写例 5-1。

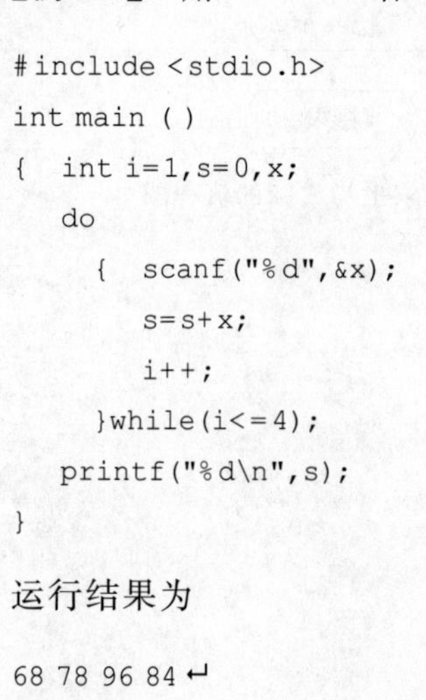

```
#include <stdio.h>
int main ( )
{  int i=1,s=0,x;
   do
     {  scanf("%d",&x);
        s=s+x;
        i++;
     }while(i<=4);
   printf("%d\n",s);
}
```

运行结果为

```
68 78 96 84 ↵
326
```

【例 5-5】　用 do-while 语句改写例 5-2。

```
#include <stdio.h>
int main()
    {  int i=1,sum=0;
       do
       {  sum+=i;
          i++;
       }while(i<=100);
       printf("sum=%d\n",sum);
    }
```

运行结果为

```
sum=5050
```

说明：上面5个例子中，while语句和do-while语句中的循环体语句是完全一样的，但有些情况下使用两种语句是有区别的。例如，将下面例子中的while语句改写为do-while后，可以只写一次scanf，但循环体中语句的顺序需要作些变化，结果也相应地有一些变化。

【例5-6】 用do-while语句改写例5-3。

程序代码如下：

```
#include <stdio.h>
int main()
    {  int x,sum=0,n=0;
       float aver;
       do
         {  scanf("%d",&x);
            sum+=x;
            n++;
         }while(x!=-1);
       aver=(sum+1)*1.0/(n-1);
       printf("%d个学生的平均成绩为%.2f\n",n-1,aver);
    }
```

运行结果为

```
66 78 92 83 75 68 -1 ↵
6个学生的平均成绩为77.00
```

说明：此程序的执行过程是输入一个数，求和，计数，再判断输入的数是否为−1，如果不等于−1，则继续执行循环体(输入一个数，求和，计数)，如果等于−1，就结束循环。当结束循环时，最后输入的−1，也加到了sum中，个数n中也包括−1这个不该计数的数，所以求平均值时需要处理一下，也请读者考虑其他的处理办法。

【例5-7】 求两个整数的最大公约数。

分析：求两个数a和b的最大公约数通常采用辗转相除法。先用大数a除以小数b，得到的余数记为r，如果r不等于0，就继续做除法，用前一次的除数作被除数，前一次的余数r作除数，继续求余，直到余数r=0为止，这时的除数就是最大公约数。

例如：a=18，b=14，求a和b的最大公约数的过程如图5-5所示。

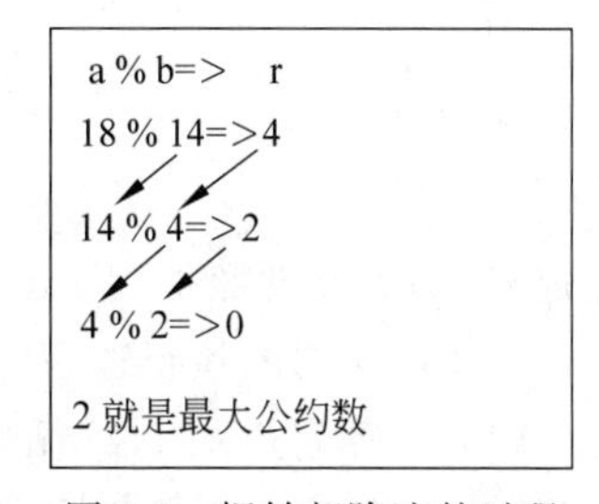

图5-5 辗转相除法的过程

用while语句完成的程序代码如下：

```
#include <stdio.h>
int main()
    {
        int a,b,r;
        scanf("%d%d",&a,&b);
```

```
        r=a%b;
        while(r!=0)
          {
            a=b;
            b=r;
            r=a%b;
          }
        printf("gcd=%d\n",b);
    }
```

用 do-while 语句完成的程序代码如下：

```
#include <stdio.h>
int main()
{
    int a,b,r;
    scanf("%d%d",&a,&b);
    do
      {  r=a%b;
         a=b;
         b=r;
      }while(r!=0);
    printf("gcd=%d\n",a);
  }
```

运行结果为

```
gcd=2
```

5.3 for 语句

当已知循环次数时，通常可以选择使用 for 语句。

1. for 语句的一般形式

for 语句的一般形式为：

```
for (表达式 1 ; 表达式 2 ; 表达式 3 )  循环体语句
```

例：

```
for(i=1;i<=10;i++)
sum=sum+i;
```

完成将 1 到 10 的数加到 sum 中。

2. for 语句的执行过程

(1) 计算表达式 1，给循环变量赋初值。

(2) 计算表达式 2，判断循环条件是否成立。

当表达式 2 成立时(非 0),转(3);

当表达式 2 不成立时(0),转(5);

(3) 执行循环体语句。

(4) 计算表达式 3,循环变量增值,返回(2)。

(5) 结束循环。

3. 几点说明

(1) 表达式 1 可省,但分号不能省。

(2) 若表达式 2 省略,则循环条件永远为真。

(3) 表达式 3 也可省略,但应设法保证循环正常结束。

如:

```
for (i=1; i<=100; )
{sum=sum+i; i++; }
```

(4) 3 个表达式都可省。

```
for (;;) 语句
```

相当于

```
while (1)  语句
```

(5) 表达式 1 和表达式 3 可以是逗号表达式;如:

```
for(i=0, j=100; i<=j; i++, j--)     k=i+j;
```

(6) 表达式 2 一般为关系表达式或逻辑表达式,但也可以是数值表达式或字符表达式,只要其值为非零就执行循环体。如:

```
for (i=0; (c=getchar( ))!='\n';i++)
    putchar(c);
```

【例 5-8】 编写求 $2^0+2^1+2^2+2^3+\cdots+2^{63}$ 的程序。

分析:

(1) 定义 s 存放和,t 表示每一项,设初值 s=0,t=1;。

(2) 已知加 64 次,可以选择 for 语句,累加用 s=s+t;或 s+=t;。

(3) 每项可递推计算,t=t*2; 或 t*=2;。

程序代码如下:

```
#include <stdio.h>
int main( )
{
    int i;
    float s=0,t=1;
    for ( i=1;i<=64;i++)
        { s=s+t;
          t=t*2;
        }
```

```
    printf("s=%e\n",s);
}
```

运行结果为


```
s=1.84467e+19
```

【例 5-9】 求 1!＋2!＋3!＋…＋20!。

分析：求 1～20 的阶乘和，优先选择 for 语句，让 i 从 1 变到 20，然后将 i!加到和 s 里，如果用 t 表示 i!，则 t 可通过前一项(i－1)!乘以 i 递推地求出。程序代码如下：

```
#include <stdio.h>
int main( )
{
    double s=0, t=1;
    int i;
    for (i=1;i<=20;i++)
    {  t=t*i;
       s=s+t;
    }
    printf("%e\n",s);
}
```

运行结果为

```
2.561327e+018
```

说明：程序中采用“t=i!”方法，如果不递推地求，也可对每个 i 单独求出 i!。程序代码如下：

```
#include <stdio.h>
int main( )
{
    double s=0, t;
    int i,j;
    for (i=1;i<=20;i++)
    {
        t=1;                        /*t=1 必须在两重循环之间,否则得不到正确结果*/
        for(j=1;j<=i;j++)
        t=t*j;
        s=s+t;
    }
    printf("%e\n",s);
}
```

运行结果为

```
2.561327e+018
```

说明：程序中单独使用一个 for 语句求出 i!，在一个 for 语句中又完整地包含另一个 for 语句，这样的结构称为循环的嵌套。3 种循环语句可以互相嵌套。

【例 5-10】 打印如下所示的乘法九九表。

```
1   2   3   4   5   6   7   8   9
------------------------------------
1   2   3   4   5   6   7   8   9
2   4   6   8  10  12  14  16  18
3   6   9  12  15  18  21  24  27
4   8  12  16  20  24  28  32  36
5  10  15  20  25  30  35  40  45
6  12  18  24  30  36  42  48  54
7  14  21  28  35  42  49  56  63
8  16  24  32  40  48  56  64  72
9  18  27  36  45  54  63  72  81
```

分析：

(1) 考虑如何打印第一行，只用一个简单的循环即可完成。

(2) 考虑如何打印 9 行，打印 9 行就需要做 9 次循环，因此需用循环嵌套。

程序代码如下：

```
#include <stdio.h>
int main()
{
    int i,j;
    for(i=1;i<10;i++)
      printf("%4d",i);              /* 打印表头 */
    printf("\n");
    for(i=1;i<10;i++)
      printf("----");               /* 打印分隔线,因为每个数占 4 列,所以用 4 个- */
printf("\n");
for(i=1;i<=9;i++)                   /* 控制打印 9 行 */
        {
          for(j=1;j<=9;j++)         /* 控制打印 9 列 */
            printf("%4d",i*j);      /* 打印第 i 行、第 j 列的数,占 4 列 */
          printf("\n");             /* 打印一行之后,必须换行 */
        }
}
```

运行结果为

```
   1   2   3   4   5   6   7   8   9
------------------------------------
   1   2   3   4   5   6   7   8   9
   2   4   6   8  10  12  14  16  18
   3   6   9  12  15  18  21  24  27
   4   8  12  16  20  24  28  32  36
   5  10  15  20  25  30  35  40  45
   6  12  18  24  30  36  42  48  54
   7  14  21  28  35  42  49  56  63
   8  16  24  32  40  48  56  64  72
   9  18  27  36  45  54  63  72  81
```

请读者考虑打印直角三角形的九九乘法表，应该如何修改程序？

5.4 break 语句和 continue 语句

1. break 语句

从循环体内跳出循环结构,即提前结束循环,接着执行循环结构下面的语句;break 语句只能用于循环语句和 switch 语句中。

2. continue 语句

结束本次循环,即跳过循环体中尚未执行的语句,接着执行对循环条件的判断。break 语句和 continue 语句的区别如下。

(1) continue 语句只结束本次循环,不终止整个循环的执行。

(2) break 语句终止整个循环的执行,不再进行条件判断。

【例 5-11】 分析下列程序运行过程,体会 break 语句和 continue 语句的区别和用法。

```
#include <stdio.h>
    main()
    {
    int i;
        for(i=1;i<=100;i++)
        {
            if(i==10) break;
            if(i%2==0) continue;
            printf("%5d",i);
        }
}
```

运行结果为

```
    1  3  5  7  9
```

【例 5-12】 判断一个整数是否为素数。

分析:

(1) 素数是除了 1 和它本身之外没有其他因子的数。换句话说,只要有因子(除了 1 和它本身之外),则该数一定不是素数。

(2) 判断 m 是否为素数的简单方法是看从 2 到 m－1 的数中有没有一个数 n 能整除 m,如果能找到一个整除 m 的 n,则 m 就不是素数;如果 n 从 2 变到 m－1 都不能整除 m,则说明 m 是素数。

(3) 在 n 从 2 到 m－1 的循环中,如果一旦条件 m%n==0 成立,则说明 m 不是素数,循环就不用再做下去了,此时可以使用 break 结束循环。最后根据循环是正常结束,还是用 break 中途退出的判断 m 是否是素数。

程序代码如下:

```
#include <stdio.h>
main( )
{
```

```
    int m,n;
    scanf("%d",&m);
    for(n=2;n<=m-1;n++)
        if(m%n==0) break;
    if(n==m)
        printf("%d is a prime",m);
    else
        printf("%d is not a prime",m);
    }
```

运行结果为

```
13↵
13 is a prime
```

说明：为减少循环次数，循环体语句也可以改为 if(m%n==0) {k=0;break;}。

5.5 循环结构 C 程序实例

在循环算法中，迭代与穷举是两类具有代表性的基本算法。

1. 迭代

迭代是一个不断用新值取代旧值，或由旧值递推得出新值的过程。

【例 5-13】 打印斐波那契(Fibonacci)数列的前 24 个数。

分析：所谓斐波那契数列，是这样一个数列：数列第一项值为 1，第二项值为 1，从第三项开始每一项是前两项的和，形如 1，1，2，3，5，8，…。

程序代码如下：

```
#include <stdio.h>
int main()
{
    long f1,f2,f3;
    int i;
    f1=1; f2=1;                              /*赋初值*/
    printf("%12ld%12ld",f1,f2);
    for( i=3; i<=24; i++)
    {
        f3=f1+f2;
        printf("%12ld",f3);
        f1=f2;
        f2=f3;
        if(i%4==0) printf("\n");     /*控制每行输出 4 个数*/
    }
}
```

运行结果为

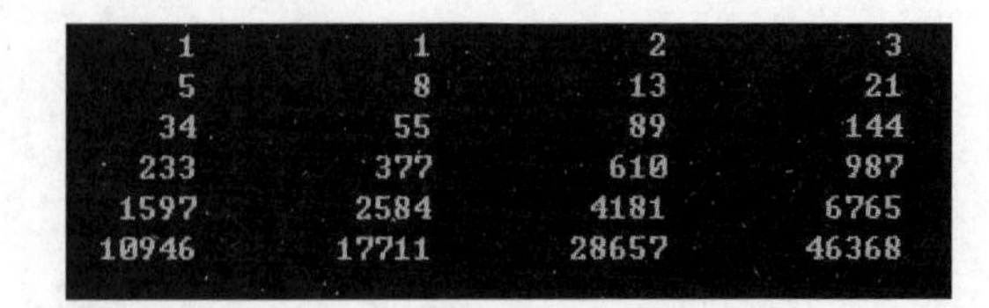

【例 5-14】 输出 Fibonacci 数列,直到大于 50000 为止。

程序代码如下:

```
#include <stdio.h>
int main( )
{
    long int f1,f2,f3;
    int i=2;
    f1=1; f2=1;
    printf("%12ld%12ld",f1,f2);
    do
    {
        f3=f1+f2;
        printf("%12ld",f3);
        f1=f2; f2=f3;
        i++;
        if(i%5==0) printf("\n");
    }while(f3<=50000);          /*要求直到大于 50000 为止,即当 f3<=50000 时做循环*/
}
```

运行结果为

```
    1        1        2        3        5
    8       13       21       34       55
   89      144      233      377      610
  987     1597     2584     4181     6765
10946    17711    28657    46368    75025
```

2. 穷举

穷举是程序设计中另一种常用的算法,它的基本思想是试遍所有可能的情况。

【例 5-15】 输出所有的水仙花数。所谓的水仙花数是一个三位数,它的各位数字的立方和等于这个数字本身,如 $153=1^3+5^3+3^3$。

分析:三位数的范围为 100~999,判断这个范围内的每个数是否为水仙花数。求一个三位数 m 的各位数字可以用下面的求法。

个位:k1=m%10

十位:k2=m/10%10

百位:k3=m/100

程序代码如下:

```
#include <stdio.h>
```

```
int main()
{
    int m,k1,k2,k3;
    for(m=100;m<=999;m++)
    {
        k1=m%10;
        k2=m/10%10;
        k3=m/100;
        if(m==k1*k1*k1+k2*k2*k2+k3*k3*k3) printf("%5d",m);
    }
}
```

运行结果为

```
153  370  371  407
```

说明：

(1) 此程序也可以用三重循环完成，对个位从0到9、十位从0到9、百位从1到9试遍所有可能。

(2) 这里用到程序设计中常用的数字分离算法，即将一个整数的各位数字分离出来，对于未知位数的整数的数字分离，可以用while或do-while循环完成。

【例5-16】 输出1～1000的全部同构数。所谓同构数，是指等于它的平方数的右端的数，如5出现在25的右端，76出现在它的平方数5776的右端，那么，5和76就是同构数。

分析：

(1) 判断m是否为同构数的方法：

如果m是一位数，取平方数的右端1位，即判断m*m%10==m是否成立；

如果m是两位数，需取其平方数的右端2位，即判断m*m%100==m是否成立；

如果m是三位数，需取其平方数的右端3位，即判断m*m%1000==m是否成立。

(2) 对于任意m(介于1～1000)，需先求出其位数n，再用其平方数对10^n求余。求m的位数n的方法是看其除以几次10之后变成0，就是几位数。程序代码如下：

```
#include <stdio.h>
#include <math.h>
int main( )
{
    int n,m,k;
    long i;                          /*3位数的平方会超过int的表示范围*/
    for(i=1;i<=1000;i++)
    {
        m=i;n=0;k=1;                 /*求位数时会把m变成零,所以不能用i直接做循环*/
        do
            {
                m=m/10;
                n++;
                k=k*10;
```

```
            } while(m!=0);
            if(i==i*i%k) printf("%5d",i);
        }
        printf("\n");
    }
```

运行结果为

```
    1    5    6   25   76  376  625
```

【例 5-17】 输入10个数,求其中的最大值。

分析:求最大值可以采用类似打擂的算法。

(1) 输入一个数x,将其作为擂主,即它是当前的最大值max,max=x。

(2) 依次输入剩下的9个数x,每输入一个x,就打擂一次,即和最大值比较一次,如果打赢(x>max),这个x就是新的擂主——最大值。

(3) 输出最大值max。

程序代码如下:

```
#include <stdio.h>
int main()
{
    int i=1,x,max;
    scanf("%d",&x);
    max=x;
    for(i=1;i<=9;i++)
    {
        scanf("%d",&x);
        if(x>max) max=x;
    }
    printf("max=%d\n",max);
}
```

运行结果为

```
3 4 56 6 7 78 65 6 43 2↵
max=78
```

习　题

1. 读程序,写出运行结果。

(1)
```
#include <stdio.h>
int main ()
{
    int i,s=0;
    for(i=1;i<=100;i++)
    {
```

```
        if(i%10!=0) continue;
        s=s+i;
    }
    printf("i=%d,s=%d\n",i,s);
}
```

(2)
```
#include <stdio.h>
int main ()
{
    int i,s=0;
    for(i=1;i<=100;i++)
    {
        s=s+i;
        if(i==10)break;
    }
    printf("i=%d,s=%d\n",i,s);
}
```

(3)
```
#include <stdio.h>
int main ()
{
    int i,j,k;
    char space=' ';
    for (i=0;i<=5;i++)
    {
        for (j=1;j<=i;j++)
            printf("%c",space);
        for (k=0;k<=5;k++)
        printf("%c",'*');
        printf("\n");
    }
}
```

2. 求1～100的奇数和、偶数积。

3. 使用牛顿迭代公式$x_{k+1}=\frac{1}{2}\left(x_k+\frac{a}{x_k}\right)$可以求出$\sqrt{a}$，试求1～10的算术平方根，要求误差不超过0.00001。

4. 从键盘输入若干正整数，以－1为终止标记，求这批数中的各位数字之和大于8的所有数的平均值。

5. 输入一个整数m，求不超过m的最大的5个素数。

6. 输出形状为直角三角形的九九乘法表。

7. 求从键盘输入的10个数中最大的偶数。

8. 求若干个学生的平均成绩、最高成绩和最低成绩，以－1为终止标记。

第 6 章 数组

C 语言具有数据类型丰富的特点，不但有基础数据类型，而且还有较复杂的构造数据类型。本章将讲述第一种构造数据类型——数组。所谓数组，是一组有序且类型相同的数据的集合，使用时用各个成员在数组中的相对位置加以区分，每个成员相当于一个普通变量使用，较好地解决了程序中较多变量的命名难题，同时操作也十分方便、灵活。

6.1 一维数组

数组中的成员也称为数组元素。数组中所有的元素都具有相同的类型、相同的名字，使用时使用数组的下标(数组元素在数组中的相对位置)加以区分。

6.1.1 一维数组的定义及引用

1. 一维数组的定义

一维数组定义的一般形式为

```
类型说明符  数组名[常量表达式];
```

说明：

(1) 类型说明符即数组的类型，既可以是基本数据类型(整型、实型、字符型)，也可以是指针、结构体、共用体等数据类型。

(2) 数组名遵循标识符的命名规则。

(3) 常量表达式给出了数组中元素的个数，即数组长度。常量表达式中可以包含直接常量、符号常量，但整个表达式的结果必须是一个确定的整型值。

例如：

```
short stu_age[10];                 //定义了一个可存放 10 名学生年龄的 int 型数组
float stu_math_score[100];         //定义了一个可存放 100 名学生数学成绩的 float 型数组
```

2. 一维数组的引用

一维数组的引用是通过下标实现的。

例如：

```
int stu[5];
```

此处定义了一个一维数组 stu，该数组含 stu[0]、stu[1]、stu[2]、stu[3]、stu[4] 5 个元素。每个数组元素相当于一个 int 类型的变量使用。

一维数组引用的几点说明：

(1) C 语言是通过“[整型表达式]”的形式，即下标引用数组元素的。这是一个整体，缺一不可。注意，定义时的整型表达式表示数组长度，而此处的整型表达式表示元素在数组中的位置，二者含义不同。

例如，“int teacher[10];”定义了一个有 10 个元素的整型数组，而 teacher[0]表示数组 teacher 中的第 1 个元素。

(2) 数组元素的下标始于 0，止于数组长度减 1。

上述数组中的元素依次是 teacher[0]、teacher[1]、teacher[2]、teacher[3]、teacher[4]、teacher[5]、teacher[6]、teacher[7]、teacher[8]、teacher[9]。

(3) C 编译器本身并不检查数组元素下标是否越界(超过所定义的范围)，所以引用数组元素应注意下标应在定义的范围内，否则可能引发程序崩溃，甚至造成程序控制对象的灾难性后果。

(4) C 编译器只负责为数组分配所需空间，但不会自动对数组元素进行初始化。使用数组元素前最好先赋初值，否则数组元素的值是不确定的。程序如果直接引用未初始化的数组元素，可能引发意想不到的结果。

6.1.2 一维数组的初始化

1. 定义的同时初始化数组

(1) 对数组全部元素一次性赋初值。

例如：

```
int stuAge[10]={21,22,23,24,25,26,27,18,19,20};
```

执行上述语句后，数组元素的值分别对应 strAge[0]=21、strAge[1]=22、strAge[2]=23、strAge[3]=24、strAge[4]=25、strAge[5]=26、strAge[6]=27、strAge[7]=18、strAge[8]=19、strAge[9]=20。大括号中数据的顺序与数组元素的顺序一一对应。

注意：上述语句等号右侧是由大括号“{ }”括起来的，且初值间由“,”分隔。

如果是对数组的全部元素赋初值，上述定义可修改为 int stuAge[]={21,22,23,24,25,26, 27, 18,19,20}；即定义时可以不给出数组长度，由系统根据实际初值的个数计算数组长度。

(2) 对数组部分元素赋初值。

例如：

```
int stuAge[10]={1,2,3,4};
```

上述定义语句相当于 int stuAge[10]={1,2,3,4,0,0,0,0,0,0}，即对数组的前 4 个元素依次赋指定的初值，其余元素自动赋初值“0”。

(3) 对数组中的全部元素赋初值“0”。

例如：

```
int stuAge[10]={0};
```

上述语句等价于 int stuAge[10]={0,0,0,0,0,0,0,0,0,0},语句执行后,数组元素全部为“0”。

2. 先定义,后初始化数组

C语言中,一个数组被定义后,数组元素就可以被引用了,但数组元素的值是不确定的,所以需要对其进行初始化。前面我们已经学习了在定义数组的同时初始化的方法,但这并不意味数组必须在定义时初始化,实际上,只要在实际使用数组元素前对其赋值即可。

(1) 定义后分别赋值。

例如:

```
int  stuAge[3];
stuAge[0]=20;
stuAge[1]=30;
stuAge[2]=40;
```

(2) 定义后集中赋值。

例如:

```
int i;
int stuAge[10];
for(i=0;i<10;i++)
    stuAge[i]=i+1;
```

6.1.3 一维数组程序举例

下面举几个一维数组程序的例子。

【例 6-1】 打印斐波那契(Fibonacci)数列的前20项。

分析:前面在例5-13和例5-14中用for循环和do-while循环输出Fibonacci数列,但每次循环只能保存数列的最后两个元素,现在用for循环和数组输出此数列,可保存数列的所有元素。

程序代码如下:

```
#include <stdio.h>
int main()
{
    int i;                          //用作循环变量
    int fibo[20]={1,1};             //对数组赋初值
    //第一步,计算数列后18项的值
    for(i=2;i<20;i++)
      fibo[i]=fibo[i-1]+fibo[i-2] ;
    //第二步,打印数列
    for(i=0;i<20;i++)
    {
        printf("\t%d",fibo[i]);     //在制表符位置输出一个数列元素
        if((i+1)%5==0)              //每输出5个数列项,就换行一次
          printf("\n");
    }
```

```
    return 0;
}
```

程序运行结果为

```
1       1       2       3       5
8       13      21      34      55
89      144     233     377     610
987     1597    2584    4181    6765
```

本例对于结构化程序设计的三大结构(顺序、选择、循环)均有所体现。整体上看,程序是顺序结构,第一步完成数列前20项元素值的计算,并用一维数组存储,第二步分别输出数列的前20项,此处使用循环结构,每次输出一个数列项的值,每输出5个就换行一次。从程序中可以看出,通过数组下标引用数组十分方便。

【例6-2】 将一个数组中的值按逆序存放。

分析:将数组中的值逆序存放,只需将数组的第一个元素与最后一个元素对调,第二个元素与倒数第二个元素对调,直到到达数组中间位置,对调结束。

程序代码如下:

```
#include <stdio.h>
#define LENGTH 10
int main()
{
    short i,j,temp;
    short age[LENGTH];
    //输入10个人的年龄
    for(i=0;i<LENGTH;i++)
    {
        //给出输入提示
        printf("请输入第%2d个人的年龄:",i+1);
        //输入第i+1个人的年龄存入数组
        scanf("%d",&age[i]);
    }
    //查看数组反转前的情况
    printf("数组反转前的排列:");
    for(i=0;i<LENGTH;i++)
    {
        printf("%5d",age[i]);
    }
    printf("\n");
    //反转数组
    j=LENGTH/2;
    for(i=0;i<j;i++)
    {
        //交换数组对应元素的值
        temp=age[i];
        age[i]=age[LENGTH-1-i];
        age[LENGTH-1-i]=temp;
    }
```

```
        //查看数组反转结果
        printf("数组反转后的排列：");
        for(i=0;i<LENGTH;i++)
        {
            printf("%5d",age[i]);
        }
        return 0;
    }
```

程序运行结果为

下面对代码进行简要分析：首先，数组存储 n 个人的年龄，年龄值一般不超过 1000 且是整数，因此设置数组类型为 short。考虑到代码的通用性，本例数组长度由字符常量 LENGTH 给出，这样，根据需要，可达到动态操作数组，而不必大量修改代码的目的。数组初始化也是采用动态输入的方式，这样年龄不固定，根据需要动态调整，请读者细心体会。数组初始化后做一次整体输出，以便对比最终的结果，然后对数组进行反转操作，即以数组中心位置为轴，对调数组对应元素的值，从而达到数组反转的目的。最后输出反转结果，再与反转前对照。

6.2 二维及多维数组

实际应用中，不但会遇到一维数据的存储和计算，而且还经常会遇到二维，甚至多维数据的处理问题。如一个教研室全体教师的基本情况，大家希望看到一张表格，每行代表一个教师的各项信息，每列表示所有教师的某一项信息，如职称、薪资，这个表格在 C 语言中可以用一个二维数组表示。又如，要统计一个专业全体学生的期末考试成绩，首先要区分学生的班级，其次要区分该班级的哪个学生，还要区分是学生的哪门课程的成绩，这就需要用一个三维数组表示。诸如此类，可能还会遇到更复杂的数据表示问题，这就需要多维数组了。本节将重点介绍二维数组，二维以上数组的使用可以通过二维数组类推得到。

6.2.1 二维数组的定义及引用

1. 二维数组的定义

二维数组的定义为

```
类型说明符  数组名[常量表达式 1][常量表达式 2];
```

从形式上看，二维数组的定义与一维数组的定义类似，只是多了一个下标，其中的**类型说明符**、数组名、**常量表达式**的含义与一维数组的要求完全一致。

从逻辑上看，二维数组对应一张二维的逻辑表，可以把最简单的二维数组与一个二维矩阵相对应。其中常量表达式1表示数组第一维的长度，对应矩阵的行；常量表达式2表示数组第二维的长度，对应矩阵的列。

例如：

```
int a[3][4];
```

上述语句定义了一个3行4列的二维数组a，从逻辑上可以看作如图6-1所示的二维表。

共4列

	数组a	第0列	第1列	第2列	第3列
共3行	第0行	int	int	int	int
	第1行	int	int	int	int
	第2行	int	int	int	int

图6-1　二维数组a的逻辑结构

注意：二维数组的定义中表示维的中括号不能省略，也不能合并。

例如：int　a[3,4]；这种定义方法是错误的。

2. 二维数组的引用

二维数组元素可表示为

```
数组名[第一维下标][第二维下标]
```

例如：

```
int b[3][4];
```

上述定义的数组b共有3×4=12个元素，第0行0列的元素表示为b[0][0]，然后依次是b[0][1]、b[0][2]、b[0][3]，第二行元素有b[1][0]、b[1][1]、b[1][2]、b[1][3]，第三行元素有b[2][0]、b[2][1]、b[2][2]、b[2][3]。

注意：二维数组的引用也要注意下标的范围，数组b的第一维下标范围是[0,2]，数组b的第二维下标范围是[0,3]，即数组的每一维下标都从0开始，到该维长度减1结束。否则超出范围时，程序运行可能引发不可预期的结果。

6.2.2　二维数组的初始化

1. 定义的同时初始化数组

(1) 可以按行给二维数组赋初值。

例如：

```
int a[3][4]={{11,12,13,14},{21,22,23,24},{31,32,33,34}};
```

这种初始化方法方便、直观，把第一个大括号内的数据依次赋值给第0行的数组元素，把第二个大括号内的数据对应赋值给第1行的数组元素……即按行赋值。

当对数组的全部元素都赋初值时，定义数组的第一维可由计算机自动计算。

例如：

```
int a[][4]={{11,12,13,14},{21,22,23,24},{31,32,33,34}};
```

此处的数组 a 也是一个 3×4 的数组，这两种定义形式是等价的。

(2) 可以将所有数据都写在一个花括号内，按数组行优先的顺序给数组赋初值。

例如：

```
int a[3][4]={11,12,13,14,21,22,23,24,31,32,33,34};
```

这种初始化方法的效果与(1)相同，但数据没有了行的界限，数据较多时容易遗漏。同样是对数组的全部元素赋值，也可以写成下面的形式：

```
int a[][4]={11,12,13,14,21,22,23,24,31,32,33, 34}
```

即省略第一维下标，第一维的长度由计算机根据数据(即第二维的长度)计算。

(3) 给二维数组的部分元素赋初值。

C 语言允许给数组指定的元素赋初值，此时其他未指定的元素默认赋初值“0”。

例如：

```
int a[3][4]={{11},{21},{31}};
```

上述定义的结果是只给每行第一个元素赋值成 11、21、31，其他位置的元素自动为“0”。赋值后数组的数据情况为

$$\begin{bmatrix} 11 & 0 & 0 & 0 \\ 21 & 0 & 0 & 0 \\ 31 & 0 & 0 & 0 \end{bmatrix}$$

也可以对各行中的某一元素赋初值，例如：int a[3][4]={{},{0,11},{0,0,0,33}};初始化后的结果为

$$\begin{bmatrix} 0 & 0 & 0 & 0 \\ 0 & 11 & 0 & 0 \\ 0 & 0 & 0 & 33 \end{bmatrix}$$

给数组的部分元素赋初值应注意两个问题：一是要对某行的指定元素赋初值，那么它前面的各行即使想让其为默认值，也不能空白，应以“{}”代替该行的位置，否则赋值默认是从第 0 行开始的。例如，上述矩阵即使第一行都是默认的“0”值，但赋初值时仍用“{}”占位，以表明“{0,11}”是第一行；二是对任意一行内的指定元素赋值，则本行内该元素前面位置的值也必须指定，否则默认赋值给该行的第一个元素。例如，上述操作给 a[2][3]赋初值，要使用“{0,0,0,33}”，其中 33 前面的 3 个 0 就是占位用的。

2. 定义的同时初始化二维数组

C 语言中，二维数组和一维数组一样，一旦数组被定义后，数组元素就可以被引用了，但数组元素的值是不确定的，所以需要对其进行初始化，以期程序能够按照预期加以执行而不出现意外。

(1) 定义后分别赋值。

例如：

```
int stuMath[2][3];                 //定义了一个存储两个小组各 3 名同学的数学成绩数组
stuMath[0][0]=98; stuMath[0][1]=87;stuMath[0][2]=76;
stuMath[1][0]=67; stuMath[1][1]=71;stuMath[1][2]=89;
```

这样给数组元素分别赋初值也是可以的，但当数组元素较多时，不太合适。

(2) 定义后集中赋值。

例如：

```
int i,j;
int stuMath[3][4];                  //定义了一个存储 3 个小组各 4 名同学的数学成绩数组
    for(i=0;i<3;i++)
      for(j=0;j<4;j++)
               scanf("%d",&stuMath[i][j]);
```

这样给二维数组赋初值,简洁明了,而且还可实现动态输入的效果。

6.2.3 二维数组程序设计举例

【例 6-3】 输出二维数组的鞍点。

分析：所谓鞍点,就是二维数组中该位置上元素的值在该行上最大,同时在该列上最小元素的位置,但也可能不存在鞍点。为体现程序的通用性,本例中二维数组的长度由符号常量给出,方便实际使用时改变。

程序代码如下：

```
#include <stdio.h>
#define COL 4
#define ROW 3
int main()
{    int i,j,a[ROW][COL];
//分别用来存储鞍点行列的信息
    int row,col;
//分别记录行最大值和列最小值
    int max,min;
    int num=0;                      //用来记录鞍点个数
    //输入数组元素的值
    printf("Please input value
of Array:");
    for(i=0;i<ROW;i++)
      for(j=0;j<COL;j++)
        scanf("%d",&a[i][j]);
     //按矩阵形式输出数组
    for(i=0;i<ROW;i++){
        for(j=0;j<COL;j++)
    printf("%5d",a[i][j]);
    printf("\n");
    }
    //搜索数组,寻找鞍点
    for(i=0;i<ROW;i++)
{     //搜索第 i 行的最大值
        max=a[i][0];
        for(j=0;j<COL;j++){
            if(a[i][j]>max)
{
```

```
                max=a[i][j];
                col=j;
            }
        }
        //搜索第 col 列的最小值
        min=a[0][col];
        for(j=0;j<ROW;j++){
            if(a[j][col]<min){
                min=a[j][col];
                row=j;
            }
        }
        if(min==max){
        printf("The saddle point is:(%d,%d)\n",row,col);
        num++;
        }
    }
    //没有找到鞍点,打印搜索失败信息
    if (num==0)
      printf("There is no saddle point in the array!");
    return 0;
}
```

运行结果为

```
Please input value of Array:2 3 9 5 6 7 8 3 0 5 7 5 2 1 8 3
    2    3    9    5
    6    7    8    3
    0    5    7    5
The saddle point is:(2,2)
```

【例 6-4】 已知年、月、日,求该日期是那一年的第几天?

分析:求某日期是该年份的第几天,只要把该月份之前的几个月的天数相加,再加上当前的日即可,关键是每年中二月份的天数是不确定的,平年是 28 天,闰年是 29 天,所以应事先判定当前的年份是否是闰年。针对这种情况,事先把闰年与非闰年的每个月的天数分别存入一个表格,如第 1 行列出平年的各个月份天数,第 2 行列出闰年各个月份的天数,结果见表 6-1,然后将该表映射为一个二维数组即可。

表 6-1 平年/闰年月份天数表

年份	月份											
	1	2	3	4	5	6	7	8	9	10	11	12
平年	31	28	31	30	31	30	31	31	30	31	30	31
闰年	31	29	31	30	31	30	31	31	30	31	30	31

程序代码如下:

```
#include <stdio.h>
int main()
{
    int year,month,day,i;
```

```
    //0-平年,1-闰年,num存储结果
    int leap,num;
    int date[2][13]={                //存储每月的天数表格
    {0,31,28,31,30,31,30,31,31,30,31,30,31},
    {0,31,29,31,30,31,30,31,31,30,31,30,31}};
    //输入一个日期
    printf("Please input the date:");
    scanf("%d,%d,%d",&year,&month,&day);
    //判断该年是否为闰年
    if(year%4==0 && year%100!=0 || year%400==0)
        leap=1;
    else
        leap=0;
    //计算天数
    for(i=1;i<month;i++)
        num+=date[leap][i];
    //累计本月天数
    num+=day;
    //输出结果
    printf("The result is:\n");
    printf("%d-%d-%d is %d\'s number %d day.",
            year,month,day,year,num) ;
    return 0;
}
```

程序运行结果为

```
Please input the date:2018,11,22
The result is:
2018-11-22 is 2018's number 326 day.
```

6.2.4 多维数组

C中不但有一维数组、二维数组,而且还可以定义多维数组。所谓的多维数组其实就是元素为数组的数组。n维数组的元素是n−1维数组。例如,二维数组的每个元素都是一维数组,一维数组的元素就是具体的值了。

例如,定义一个三维数组并对其进行初始化。

```
int a[2][3][4]={ {{1,2,3,4},{5,6,7,8},{9,10,11,12}},
{{13,14,15,16},{17,18,19,20},{21,22,23,24}} };
```

该数组包含2×3×4个元素,分别是a[0][0][0]、a[0][0][1]、a[0][0][2]、a[0][0][3]、a[0][1][0]、a[0][1][1]、a[0][1][2]、a[0][1][3]、a[0][2][0]、a[0][2][1]、a[0][2][2]、a[0][2][3]、…、a[1][2][3]。

6.3 字符数组

有很多实际问题都涉及字符串的处理,但C语言并没有字符串这种数据类型,那么C中用什么表示字符串呢,答案是字符数组,即用一个数组存储字符串,数组的类型是char类型,数组的每个元素存储一个字符。

6.3.1 字符数组的定义及引用

字符数组的定义方法与前两节介绍的一致,只是类型必须为 char 类型。字符数组的定义形式如下:

```
char  数组名[整型表达式];
```

例如:

```
char ch[10];                    /*定义了一个字符型一维数组,可存储 10 个字符*/
```

字符型数组也是一维数组,引用方法仍采用下标法,如 ch[0]、ch[1]。给字符数组元素赋值和给一般变量赋值一样,例如:ch[0]='I'、ch[1]= 'J'。

6.3.2 字符数组的初始化

1. 对数组的全部元素赋值

字符数组的初始化同一维数组的初始化,可以在定义时一次性初始化。例如:

```
char ch[10]={'I',' ','a','m',' ','a',' ','b','o','y'};
```

2. 给数组的部分元素赋初值

例如:

```
char ch[10]={'C','h','i','n','e','s','e'};
```

需要说明的是:当字符数组长度大于实际初始化的字符个数时,剩余数组元素会自动初始化为空字符——'\0'。上述初始化的结果相当于如下的定义:

```
char ch[10]={'C','h','i','n','e','s','e','\0','\0','\0'};
```

3. 使用字符串常量对数组进行初始化

例如:

```
char ch[10] ="I am a boy";
```

6.3.3 字符串

在 C 语言中,字符串是作为一维字符数组处理的。如字符串"I am a girl",字符串中的字符是逐个存放到数组元素中的。字符串的长度就是字符串中有效字符的个数,上述字符串的长度为 11,但该字符串常量占的内存空间为 12B,系统自动在字符串末尾加一个空字符——'\0'作为字符串结束的标志,但空字符本身不算字符串的有效字符。

虽然 C 语言中用字符数组存储字符串,但二者还是有所不同。例如:

```
char ch[]={'A','m','e','r','i','c','a','\0','\0','\0'};
```

上述字符数组 ch 的长度是 10,但 ch 表示的字符串从数组第一个不为空字符的 A 开始计算,直到遇到第一个'\0'结束,所以 ch 表示的字符串的长度仅为 7。

也就是说，字符数组并不要求其最后一个字符是'\0'，甚至可以不包含'\0'。是否需要加'\0'完全根据需要决定。但是，由于系统对字符串常量自动加一个'\0'，因此，为了处理方法的一致性，在字符数组中也常常人为加上一个'\0 '。C语言在输出字符串时，遇到字符数组中的第一个'\0'就停止输出，即使字符数组后面还有若干字符。

6.3.4 字符数组的I/O

1. 字符数组的输入

```
char ch[10] ;                        //定义一个长度为10的字符数组
scanf("%s",ch);                      //格式化输入字符串给字符数组ch
```

2. 逐个字符作为数组元素输出

每次引用数组的一个元素，输出一个字符，这就相当于一个普通的数组。

【例6-5】 打印字符数组。

程序代码如下：

```
#include <stdio.h>
int main()
{
  char ch[11]={'I',' ','a','m',' ','a',' ','g','i','r','l'};
  int i;
for(i=0;i<11;i++){
      printf("%c",ch[i]);
  }
  return 0;
}
```

运行结果为

```
I am a girl
```

3. 字符数组作为串输出

【例6-6】 输出字符数组存储的字符串。

程序代码如下：

```
#include <stdio.h>
int main()
{
char ch[11]={'I',' ','a','m',' ','a',' ','g','i','r','l'};
int i;
printf("%s",ch);
return 0;
}
```

运行结果为

```
I am a girl
```

从运行结果看,两种输出方法的效果完全相同,但当字符数组的中间有'\0'时,二者会有所不同,前者仍能输出整个数组,而后者只输出第一个'\0'为前的内容。

6.3.5 字符串处理函数

对于字符串(字符数组)的处理,有其自身的特殊性和灵活性,与普通数组有所不同。C语言提供了较多的字符串处理函数完成如输入输出字符串、计算字符串长度、连接字符串、截取字符串、复制字符串、字符串比较、字符串查找等操作。下面介绍一些常用的字符串处理函数。

1. 字符串输出函数 puts()

格式:

```
puts(str)
```

函数功能是将指定字符串输出到标准终端设备。需要的参数 str 可以是字符串常量或字符数组名。例如:

```
char str[]={"Hello World!"};
puts(str);
```

屏幕上会输出

```
Hello World!
```

2. 字符串输入函数 gets()

格式:

```
gets(str)
```

其中,str 为字符数组名或字符串常量。该函数主要用于读取从标准输入设备(键盘)上输入一个字符串到 str 中,从键盘输入的字符串以回车符结束。

例如:

```
char str[5];
gets(str);
```

说明:

(1) gets()函数可以读入包含空格字符在内的全部字符,直到遇到回车符为止,这也是该函数与 scanf()函数的主要区别。例如:

```
char str[20];
```

若使用如下语句输入和输出字符串:

```
gets(str);
puts(str);
```

此时,当输入为 boy and girl↙,输出为 boy and girl,如果改成用 scanf()输入,即

```
scanf("%s",str);
```

```
puts(str);
```

当输入为 boy and girl↙，输出为 boy。

(2) 当使用 gets()函数输入的字符数大于字符数组多的长度时，则多出的字符会存放在数组的后继存储空间，这样可能引发意外。

3. 求字符串长度函数 strlen

格式：

```
unsigned int strlen(str)
```

该函数的输入参数 str 为一个字符串，调用该函数返回字符串的长度。所谓字符串的长度，就是从字符串第一个字符开始直到字符串结束，中间有的字符个数。

例如：

```
char str[20]="you are welcome!";
printf ("%d",strlen(str));
```

输出结果为

```
16
```

4. 字符串连接函数 strcat

格式：

```
strcat(str1,str2)
```

调用该函数需要两个参数，其中 str1 必须是一个数组名，str2 可以是地址值(数组名或指针)，也可以是字符串常量。strcat()函数把 str2 中的字符串连接到字符数组 str1 中字符串的后面，并删去字符串 str1 后的串结束标志'\0'，只在新串最后保留一个'\0'。该函数返回值是字符数组 str1 的首地址。需要注意的是，调用该函数时，字符数组 str1 空间必须足够大，否则不能全部装入被连接的字符串。

例如：

```
char str1[20]="boy";              //定义并初始化数组 str1,空间必须足够大
char str2[]=" and girl";          //定义并初始化数组 str2
strcat(str1,str2);                //连接两个字符串,结果保存在 str1 的空间
puts(str1);                       //输出连接后的结果
```

输出结果：

```
boy and girl
```

5. 字符串复制函数 strcpy()、strncpy()

格式：

```
strcpy(str1,str2)
```

调用该函数需要输入两个参数，其中 str1 是数组名且该数组的空间要足够容纳下 str2 代表的字符串，str2 可以是数组名或字符串常量。strcpy()函数把字符串 str2 复制到字符数组 str1 中，串结束标志'\0'也一同复制。常用此函数将一个字符串常量或字符数组赋值给

其他字符数组。

例如：

```
char str1[10],str2[]="Chinese";
strcpy(str1,str2);
puts(str1);
```

输出结果：

```
Chinese
```

注意：一个字符串只能从另一个字符串复制，不能直接像普通变量那样赋值。

例如：

```
char str1[20];                      //定义一个字符数组,用来存储字符串
char str2[]="English";              //定义并初始化一个字符数组
str1=str2;                          //这样直接赋值是错误的
```

strncpy(str1,str2)函数可以将字符串 str2 的前 n 个字符复制给 str1，替换字符数组 str1 的前 n 个字符，其他不变。

例如：

```
char str1[10]="abcdefghi"
char str2[]="Chinese";
strncpy(str1,str2,4);
puts(str1);
```

输出结果：

```
Chinefghi
```

6. 字符串比较函数 strcmp()

格式：

```
int strcmp(str1, str2)
```

调用该函数需要两个参数，str1、str2 可以是数组名或字符串常量。比较两个字符串的规则是从左到右逐个字符扫描 str1、str2，按照 ASCII 值的大小比较对应的两个字符，直到出现字符 ASCII 值不一样或遇到字符'\0'为止不再比较，并由函数返回值返回比较结果。该函数的返回值有如下 3 种情况。

(1) 当两字符串相等时，该函数值为 0。

(2) 当字符串 1＞字符串 2 时，该函数值为 1。

(3) 当字符串 1＜字符串 2 时，该函数值为－1。

例如：

```
short result;
char str1[]="abcdefg";
char str2[]="abcopqrst";
result=strcmp(str1, str2);          //扫描到第 4 个字符时不同,返回-1
```

注意：比较两个字符串时，不能用关系运算符比较，只能用字符串比较函数比较。

6.3.6 字符数组应用举例

字符数组举例如下。

【例 6-7】 输入一行英文字符，单词之间以空格分隔，统计其中的复杂单词(单词字符个数大于 5)个数。

分析：首先输入一行字符，当作字符串接收；然后扫描该字符串并开始计数，但遇到空格时，计算刚刚扫描过的单词的长度，如果大于 5，则单词个数加 1，否则继续扫描，直到遇到字符串结束标志——空字符'\0'。

程序代码如下：

```
#include <stdio.h>
int main()
{
    /*定义用来接收一行文本的字符数组*/
    char chLine[60];
    char ch;                        //当前字符
    short i=0;
    short wordNum=0;                //记录复杂单词数
    short num=0;                    //记录当前扫描单词的字符数
    //输入一行字符
    printf("请输入一行字符: \n");
    gets(chLine);
    //逐个字符扫描
    for (i=0;i<=strlen(chLine);i++)
    {
        ch=chLine[i];
        if(ch==' ' || ch=='\0')
        {
        if(num>=5)
        wordNum++;
        num=0;
        }
        else
         num++;
    }
    //输出复杂单词的个数
    printf("复杂单词的个数是: %d\n", wordNum);
return 0;
}
```

运行结果为

```
请输入一行字符:
The British National Health Service(NHS) was set up in 1948 .
复杂单词的个数是: 4
```

【例 6-8】 输入 6 种常见动物的英文名称，然后按字典顺序排序。

分析：首先输入6个代表动物的英文单词，如horse、tiger、bear、elephant、lion、wolf，使用一个字符型二维数组存储，然后对代表6个动物名的字符串进行冒泡排序，最后按排序结果输出各个动物名称。字典顺序就是a→b→c→…→z。

程序代码如下：

```c
#include <stdio.h>
int main()
{
    int i,j;
    char temp[15];
    char animalName[6][15];          //存放 6 个动物名字
    //以字符串形式输入 6 个动物名字
    printf("input 6 animal's name:\n");
    for(i=0;i<6;i++)
    gets(animalName[i]);
    //使用冒泡排序法对动物名进行排序
    for(i=0;i<5;i++)
    {
        for(j=5;j>i;j--)
        if(strcmp(animalName[j],animalName[j-1])<0)
        {
        strcpy(temp,animalName[j]);
        strcpy(animalName[j],animalName[j-1]);
        strcpy(animalName[j-1],temp);
        }
    }
      //输出排序后的结果
      printf("Animal sorted result is: \n") ;
    for(i=0;i<6;i++)
        printf(" %s\n",animalName[i]);
    return 0;
}
```

运行结果为

```
input 6 animal's name:
horse
tiger
bear
elephant
lion
wolf
Animal sorted result is:
  bear
  elephant
  horse
  lion
  tiger
  wolf
```

程序代码分析：本例使用一个二维字符数组存储动物名字，数组的每一行代表一种动物。正如前面介绍二维数组时所述，二维数组是由一维数组按顺序连接而成，每个一维数组的首地址就是 animal[i]。程序首先以字符串形式输入 6 种动物名称，然后针对动物名称数组使用冒泡排序法进行排序，最后输出排序后的结果。冒泡排序中，比较数组相邻两个数组元素时，由于比较的是字符串，所以一定要使用字符串比较函数 strcmp()，不能使用简单的关系运算符。交换两个字符串要使用函数 strcpy()，而不是简单的赋值。

6.4　数组 C 程序实例

问题

用冒泡排序法对数组元素按从小到大的顺序排序。

分析

冒泡排序算法的基本思想是从数组的末尾扫描数组，并逐一比较当前数组元素与其相邻的前一个数组元素的值，如果后面的元素值大于前面相邻元素的值，就交换这两个数组元素的值，否则继续扫描下一个数组元素，直到数组的第 1 个位置，从数组末尾扫描到数组开头，这称作一趟排序，结果就是数组元素中的当前最小值不断在数组中向前移动，就像水里的气泡一样不断上浮，直至水面，这就是冒泡排序名字的由来。

第一趟扫描的结果就是将数组中的最小值移动到当前数组无序部分的第一个位置，如图 6-2(a)所示。第 2 趟排序仍然从数组后面扫描，结果是把次小元素的值移到数组的第 2 个位置，但扫描的数组元素较第 1 趟少一个，依此类推。假如数组有 n 个元素，则共需 n－1 趟扫描。每趟扫描的结果如图 6-2(b)所示。其中第 1 趟扫描需要进行 n－1 次比较，第 i 趟扫描需要进行 n－i 次比较。

	a[0]	a[1]	a[2]	a[3]	a[4]	a[5]	a[6]	a[7]	a[8]	a[9]
原始数据	10	6	5	7	9	8	1	3	**2**	**4**
1 次比较	10	6	5	7	9	8	1	**3**	**2**	4
2 次比较	10	6	5	7	9	8	**1**	**2**	3	4
3 次比较	10	6	5	7	9	**8**	**1**	2	3	4
4 次比较	10	6	5	7	**9**	**1**	8	2	3	4
5 次比较	10	6	5	**7**	**1**	9	8	2	3	4
6 次比较	10	6	**5**	**1**	7	9	8	2	3	4
7 次比较	10	**6**	**1**	5	7	9	8	2	3	4
8 次比较	**10**	**1**	6	5	7	9	8	2	3	4
9 次比较	**1**	10	6	5	7	9	8	2	3	4

(a) 第一趟扫描过程示意图

图 6-2　冒泡排序算法排序过程示意图

	a[0]	a[1]	a[2]	a[3]	a[4]	a[5]	a[6]	a[7]	a[8]	a[9]
原始数据	10	6	5	7	9	8	1	3	2	4
1 趟扫描	**1**	10	6	5	7	9	8	2	3	4
2 趟扫描	1	**2**	10	6	5	7	9	8	3	4
3 趟扫描	1	2	**3**	10	6	5	7	9	8	4
4 趟扫描	1	2	3	**4**	10	6	5	7	9	8
5 趟扫描	1	2	3	4	**5**	10	6	7	8	9
6 趟扫描	1	2	3	4	5	**6**	10	7	8	9
7 趟扫描	1	2	3	4	5	6	**7**	10	8	9
8 趟扫描	1	2	3	4	5	6	7	**8**	10	9
9 趟扫描	1	2	3	4	5	6	7	8	**9**	10

(b) n−1趟排序过程示意图

图 6-2 （续）

冒泡排序法 N-S 流程图如图 6-3 所示。

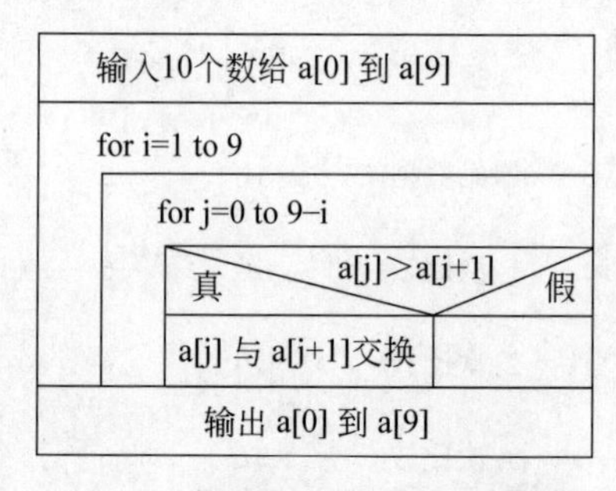

图 6-3 冒泡排序法 N-S 流程图

程序代码如下：

```
#include <stdio.h>
int main()
{
    int i,j,temp,a[10];
     //给数组元素赋值
    printf("Please input 10 integer :");
    for(i=0;i<10;i++)
        scanf("%d",&a[i]);
     //用冒泡排序法对数组 a 进行排序
    for(i=0;i<9;i++)
    {
        for(j=9;j>i;j--)
        {
            if(a[j]<a[j-1])
            {
                //交换两个数组元素的值
                temp=a[j];
                a[j]=a[j-1];
                a[j-1]=temp;
            }
```

```
        }
    }
    //输出数组 a 排序后的结果
    printf("The array sorted result :");
    for(i=0;i<10;i++)
      printf("%4d",a[i]);
    return 0;
}
```

运行结果如下

```
Please input 10 integer:10 6 5 7 9 8 1 2 3 4↙
The array sorted result:1 2 3 4 5 6 7 8 9 10
```

上述代码所实现冒泡排序法每趟扫描都需要进行 n－1－i 次比较，整个算法都要对数组进行 n－1 趟扫描。请读者思考当数组中的数据在有序的情况下是否还要进行对比、扫描？如何知道数组中的数据已经有序，如何在数组有序后提前结束程序的运行？请读者自行优化上述的冒泡算法。

习　　题

1. 定义数组 int a[][3]={{0},{0,1},{2}};则数组元素 a[1][2]的值是什么？
2. 下列程序段的运行结果是________。

```
int a[10]={11,15,23,-4,26,-25,3,3,2,2};
int i,sum=0;
for(i=0;i<10;i++)
    if(a[i]%2==0) sum+=a[i];
printf("s=%d\n",sum);
```

3. 根据输入的不同分别给出下列程序段，相应的运行结果。

```
float x,s[6]={1,3,5,7,9};
int i;
scanf("%f",&x);
for(i=4;i>=0;i--)
    if(s[i]>x)
        s[i+1]=s[i];
    else
        break;
printf("%d\n",i+1);
```

输入 4，则输出________；输入 5，则输出________。

4. 若有如下程序：

```
#include <stdio.h>
intmain()
```

```
{
    int i,a[10];
    for(i=0;i<10;i++)
        scanf("%d",&a[i]);
    while(i>0)
    {
        printf("%3d",a[--i]);
        if(!(i%5))
            putchar('\n');
    }
    return 0;
}
```

输入数据 1 2 3 4 5 6 7 8 9 10 后,程序的输出结果是________。

5. 求一个 5×5 矩阵两条对角线上的元素之和,数组元素可以输入,也可以随机产生。

6. 输入一行字符,统计其中的数字、字母、空格和其他字符出现的次数。

7. 有 n 个数已按由小到大的顺序排好,要求输入一个数,把它插入原有序列中,而且插入之后仍然保持有序。

8. 有 200 个编号的产品,编号从 001 到 200,从中随机抽取 10 个产品检验。编写程序,输出被抽取的产品编号以及累计的损失。

9. 将一个字符串的前 n 个子字符送到一个字符型数组中,然后再加上一个字符串结束标志(不允许使用 strcpy(str1,str2,n)函数),n 由键盘输入。

10. 有一行字符,统计其中的单词个数(单词之间以空格分隔),并将每个单词的第一个字母改为大写。

11. 输入一个以回车作为结束标志的字符串(长度小于 30),判断该字符串是否为回文。所谓回文,就是中心对称的串,如"abcba" "abccba"等。

第 7 章 函　数

前面各章中用到主函数 main(),并且在程序中频繁调用了系统提供的标准库函数 printf()、scanf()等。实际上,用户也可以根据实际情况编写自定义函数。本章首先介绍模块化程序设计思想以及函数的定义分类,其次介绍函数调用的方式,接着介绍 C 中变量的使用及存储类别,最后给出函数编程的范例。

7.1 函数的概念及定义

7.1.1 函数的概念

1. 模块化程序设计思想

通常,解决复杂问题的思路首先是将复杂问题按照逻辑功能分解为若干个部分——模块,每个模块再进一步分解为若干子模块,然后每个子模块根据需要划分为多个特定的功能,这些特定的功能是由函数实现的,这也是程序设计中的模块化设计的思想,各个函数的功能相对简单、独立,结构清晰、易于实现。由此也可看出,函数是组成 C 程序的基本单位。

2. 函数的概念简介

函数一词来源于数学。数学中的函数 y=f(x)有这样的特点:给定一个自变量 x 的值,经过 f 的映射,就得到一个 y 值。C 中的函数也有类似的效果,通过给定函数不同的参数,就能得到对应的不同的值。这里的参数就像自变量 x,函数的返回值相当于 y。数学中还有这样的函数 y=c,即 x 无论怎样变化,得到的结果都相同。C 中也有这样的函数,只是完成特定功能不需要参数输入——无参函数。

也可以把函数看成一个黑盒子,输入不同的原料(参数),得到不同的产品(返回值)。

3. 关于 C 程序的几点说明

(1) 一个 C 程序由一个或多个程序模块组成,每个模块可以作为一个源文件,这样便于分工、提高编程和调试的效率。

(2) 一个源文件可以由一个或多个函数以及其他相关内容(如常量定义、文件包含、全局变量的声明等)组成。源文件是 C 程序的编译单位。

(3) 不管 C 程序有多少个模块,都是从 main()函数开始执行的,也是在 main()函数结束的,其他函数只能直接或间接地被 main()函数调用。

(4) 所有函数的定义都是平行的,互不干扰,没有从属关系。函数间可以相互调用,但不能调用主函数,主函数是被系统调用的。

(5) 从用户使用的角度,函数分为标准函数和用户自定义函数。

标准函数是由系统提供的、实现定义好的一系列功能。优点是别人已经定义好了,只要拿来用就可以,十分方便;缺点是功能固定,不能根据实际问题的变化而改变。

用户自定义函数正是弥补了标准函数的不足,由用户根据解决实际问题的需要而自己定义的函数。优点是灵活、实用,缺点是需要用户自己实现。

从实际应用的角度看,二者缺一不可。没有标准函数,编程就要从零做起,解决问题的效率大打折扣;没有自定义函数,编程就没有具体指向性,就失去了解决具体问题的能力。

7.1.2 函数的定义

函数定义的一般形式如下:

```
函数类型　函数名([形式参数列表])
{
    声明部分
    执行部分
}
```

从定义看,函数分为两部分:函数首部和函数体。函数首部包括函数类型、函数名和函数形式参数列表。函数体由一对花括号包围,内含声明部分和执行部分。

函数类型可以是C中描述的任意数据类型。函数名必须符合标识符的命名规则。函数的形式参数列表是可选项,既可以根据实际需要有,也可以没有,但一对括号不能省略,多个形式参数间由逗号分隔。

函数的声明部分一般声明一些本函数需要的变量等,这部分是在编译时执行的,由一系列的声明语句组成。函数的执行部分是具体完成函数功能的部分,由一系列C语句组成,它是函数功能的主体部分。

例如:

```
int add(int x,int y)
{
    int z;
    z=x+y;
    return z;
}
```

这里定义了一个求两个整数之和的函数add(),其功能是:任意给定两个整数,使用该函数可得到两个整数之和。第一行的第一个int表明函数类型为整型,函数名为add(),函数有两个形式参数,分别是x和y,它们都是整型的。大括号内是函数体,其中第三行的int z就是定义中的声明部分,第四行和第五行是定义中的执行部分。

注意:如果在定义时不指定函数类型,系统会自动指定函数类型为int型。

7.2　函数的参数及返回值

7.2.1　函数的参数

一般在发生函数调用时，主调函数需要传递要处理的数据给被调函数。这个被传递的数据就是告诉被调函数需要计算的对象，至于怎样加工，则是被调函数的功能。

其中，被调函数定义中的函数头参数列表叫作形式参数，简称**形参**，它在整个函数体内都可以使用；而主调函数中调用被调函数时所列的参数称作实际参数，简称**实参**。一般要求实参的个数、类型要与形参依次匹配。

【例 7-1】　计算圆的面积。

分析：计算圆的面积需要给出它的半径，此处定义了一个输入半径的函数 input()，为计算圆的面积，定义了一个 area()函数，为查看计算结果，定义了一个输出函数 output()。

程序代码如下：

```
#define PI 3.14
#include <stdio.h>
/*输入圆的半径,无参函数*/
float input(){
float r;
printf("please input circle's radius:");
scanf("%f",&r);
return(r);
}
/*计算圆的面积,需要一个参数,圆的半径*/
float area(float radius)
{
    return PI*radius *radius;
}
/*输出圆的半径,圆的面积,需要两个参数,即
  圆的半径和圆的面积*/
int output(float r,float area)
{
    printf("----------------------------\n");
    printf("The circle's radius is :%.2f\n",r);
    printf("The circle's area is :%.2f\n",area);
    printf("----------------------------\n");
}
/*主函数,完成整个程序的流程*/
int main()
{
    float r,Area;                  //声明两个变量用来存储圆的半径和面积
    r=input();                     //调用 input()函数获得圆的半径
    Area=area(r);                  //调用 area()函数获得圆的面积
```

```
    output(r,Area);                    //输出圆的半径和面积
    return 0;
}
```

运行结果为

```
please input circle's radius:1
--------------------------------
The circle's radius is :1.00
The circle's area is :3.14
--------------------------------
```

本例定义了3个函数，分别完成半径的输入、面积的计算、结果的输出。有了这些自定义函数，就使得主函数从烦琐的任务中解脱出来，主函数只负责程序的主流程控制，其他具体的实现过程都交给特定的函数完成，这样，一方面减轻了主函数的任务，流程也十分清晰，便于阅读，便于维护；同时将各项任务分解到不同函数中，每个函数也变得容易实现和维护，这是良好的编程风格，请读者细心体会。

关于形参和实参的几点说明：

(1) 定义函数时，形式参数可以有，也可以没有，完全根据需要而定。

如上例中的input()函数就是一个无参函数，而计算面积的函数area()和输出函数output()就是两个有参函数。

(2) 调用函数时的实参可以是常量、变量，甚至是表达式，但必须有确定的值。

(3) 在被定义的有参函数中，必须指定形参的类型，如上例中的float area(float r)。

(4) 在函数中定义的形参，在未发生函数调用前，它们并不占用内存空间。只有在发生函数调用时，函数input()中的形参才会根据其类型分配相应的内存单元。函数调用结束后，形参占据的内存会立即释放。

函数调用前后形参、实参的变化过程如图7-1所示，其中a、b表示实参，x、y表示形参。图7-1(a)为发生函数调用前，实参a、b分配了内存空间并且有值，此时形参x、y尚未分配内存；图7-1(b)为发生函数调用时的情形，此时系统为形参x、y分配了内存空间，并且实参值单向传递给形参；接下来的图7-1(c)为流程转至被调函数的情形，形参作为被调函数的两个变量，值被改变，但并不影响实参的值；图7-1(d)表示函数调用结束后形参占据的内存空间被释放，而实参不受影响。

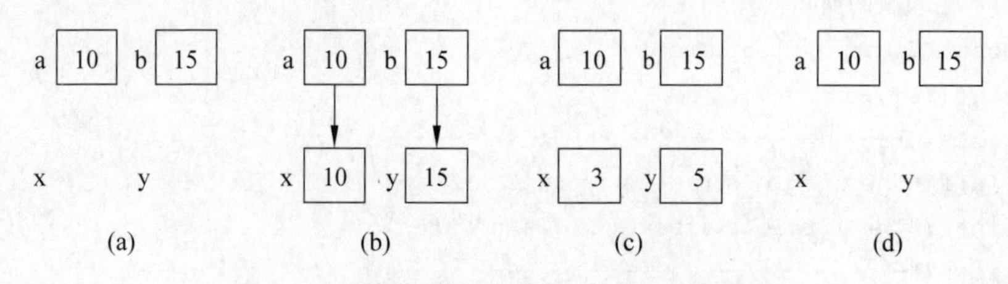

图7-1　函数调用前后形参、实参的变化过程

(5) 调用函数时的实参类型要与对应的形参类型相同或赋值兼容，实参的个数和排列顺序也要与形参一致，否则会编译出错。

(6) 实参向形参的数据传递是"单向的值传递"，即只能由实参传递给形参，而不能反过来传递，形参的变化不会影响实参。

7.2.2　函数的返回值

通常希望通过函数调用得到一个确定的值，这个值就是函数的返回值。函数调用返回值是通过函数中的 return 语句获得的。

return 语句的一般形式为

```
return(表达式);
```

或者

```
return 表达式;
```

关于函数返回值的几点说明：

(1) 函数的返回值是通过 return 语句获得的。

(2) 有些函数有返回值，有些函数无返回值。这只需查看函数定义中的“函数类型”部分，如果该类型是 int 类型，就说明函数有返回值，反之则说明函数是无返回值的。

(3) 一般地，无论函数有无返回值，都应在函数返回前给出 return 语句，只是有返回值的 return 语句需要带上一个值，无返回值的直接写 return 即可。

(4) return 语句返回的值应与函数类型匹配。对于 return 语句中表达式的类型与函数类型不一致的情形，以函数类型为准，此时相当于将 return 后的表达式计算结果强制转换为函数类型。

【例 7-2】 返回值类型与函数类型不同时的类型转换示例。

```
#include <stdio.h>
int max(float x,float y)
{
    float z;
    z=(x>y)?x:y;
    return z;
}
int main()
{
    float a,b,c;
    scanf("%f,%f",&a,&b);
    c=max(a,b);
    printf("%.2f",c);
    return 0;
}
```

程序运行情况如下：

```
1.5,2.5↙
2.00
```

本例中，max 定义为 int 类型，但 return 后的 z 却为 float 类型，返回时，将 2.5 强制转换为整型，舍弃小数部分，主函数接收到的是 2，通过赋值语句又强制转换为 2.0，所以输出结果为 2.00。

7.3 函数的调用

函数定义后，只有被使用才能发挥它的作用。C语言中函数被使用就是函数调用。发生函数调用后，程序的执行流程由主调函数转向被调函数继续执行。

7.3.1 函数调用的形式

1. 函数调用的一般形式

函数调用的形式为

```
函数名([实参列表])
```

从函数调用的本质上看，就是主调函数通过函数名找到被调函数的首地址，然后从这个首地址开始执行被调函数，从而完成程序流程的切换。

其中的实参列表是可选项，是否需要、需要多少完全由函数定义的形参列表决定，但一对小括号不能省略。当实参列表多于一个时，各参数之间用逗号分隔。原则上，实参个数要与形参个数相等，类型应赋值兼容，而且顺序一一对应，以便发生函数调用时完成实参对形参的单向对应值传递。

2. 函数调用的方式

按照被调函数在主调函数中出现的形式，有以下3种函数调用方式。

1）函数语句

函数语句即把函数当作一个独立的语句，如“printf("%d",a);”在主调函数中以语句形式出现，此时不需要函数的返回值，只是让被调函数完成一定的功能。

2）函数表达式

函数作为表达式的一部分，其实质是用被调函数的返回值替换被调函数的位置，参与表达式的计算。显然，此时的被调函数一定要有返回值。例如：

```
c=max(a,b)*2;
```

此处 max()函数就是作为表达式出现的，而变量c得到 max 返回值的2倍。

3）函数参数

顾名思义，函数参数就是把被调函数作为另一个函数的实参，其实质是把被调函数的返回值作为实参，因此也要求被调函数有返回值。例如：

```
d=max(a,max(b,c));
```

3. 函数的声明

当调用一个函数完成特定功能时，被调函数一定是存在的，即被调函数已经定义好了，我们无法成功调用一个不存在的函数。

当使用C的库函数时，需要在文件开头使用#include 命令将该函数所在的库包含进来。所包含的头文件(.h)中就包含了库函数的定义信息。

同样，如果使用的是用户自定义的函数，且该函数定义的位置在主调函数后面，此时也需要事先声明一下,以便编译器检查(函数参数类型,参数个数)是否存在语法错误。

函数的声明又称函数的原型(function prototype),其一般形式如下:

```
函数类型 函数名(参数1类型,参数2类型,…,参数n类型);
函数类型 函数名(参数1类型 参数1,参数2类型 参数2,…,参数n类型 参数n);
```

关于函数原型声明的几点说明:

(1) 函数原型必须忠实于原函数定义。

即函数声明的函数类型、函数名、各个参数的类型、参数的个数、各参数的顺序都必须与原函数的定义(函数首部)相同,但编译系统不检查参数名称。

(2) 函数声明的位置。

函数的声明既可以放在主调函数声明部分,也可以放在整个文件的开头。本书建议放在文件开头,以免其他函数也调用这个函数而产生多次声明的麻烦。

(3) 函数类型为整型的函数声明。

如果被调函数的类型为整型,C语言不但定义函数时可以省略函数类型,而且还允许调用函数前不必对其进行声明。

7.3.2 函数的嵌套调用

C语言所有的函数均有相似的结构,每个函数都由函数首部+函数体组成,但函数内部不允许再定义函数,即C语言函数不允许嵌套定义,但在一个函数内部允许调用其他函数,而且该函数调用的函数还可进一步调用其他函数,即嵌套调用。

【例7-3】 计算一组数据的距离。本例为了简便起见,以3个数据为例,将其中的最大值与最小值之差作为这组数据的距离。

程序代码如下:

```c
#include <stdio.h>
/*求a、b、c中的最大值*/
int max(int a,int b,int c)
{
    int t;
    t=(a>b)?a:b;
    return (t>c)?t:c;
}
/*求a、b、c中的最小值*/
int min(int a,int b,int c)
{
    int t;
    t=(a<b)?a:b;
    return (t<c)?t:c;
}
/*计算a、b、c的距离*/
int distance(int a,int b,int c)
{
    return max(a,b,c)-min(a,b,c);
```

```
}
/*主函数,控制整个程序流程,输出结果*/
int main()
{
    int a,b,c;
    int result;
    //输入3个整数给a、b、c
    scanf("%d%d%d",&a,&b,&c);
    //计算3个数据的距离
    result =distance(a,b,c);
    printf("the data distance is %d\n",result);
    return 0;
}
```

运行结果为

```
10 100 50↙
the data distance is 90
```

本例共有4个函数,分别是main()、distance()、max()、min(),从中可知:

(1) 4个函数定义时是相互独立的,互相之间没有从属关系。

(2) 各个被调函数均定义在主调函数的前面,所以此处无须对被调函数进行声明。

(3) 程序的执行流程如图7-2所示。程序的执行起点是main()函数,首先从键盘接收3个整数,然后调用distance()函数计算这组数据的距离;distance()函数又相继调用了min()函数和max()函数,然后再通过二者的返回值计算距离,最后返回主函数输出计算结果。整个程序执行过程发生了函数的嵌套调用。

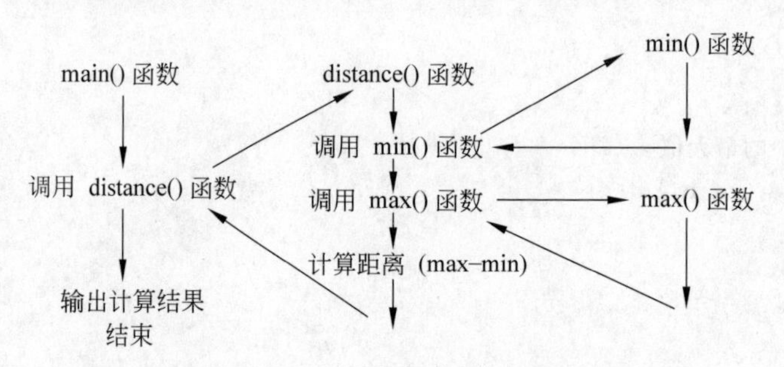

图7-2 计算数据距离与计算程序函数调用关系示意图

C程序原则上并未限定函数嵌套调用的深度,但一般也不会超过10级。函数不管嵌套调用多少级,最终都会返回原来的函数。

7.3.3 函数的递归调用

在定义函数体内又出现直接或间接调用自身的语句,这种现象叫作函数的递归调用。C语言的特点之一就在于允许函数递归调用。递归调用使得程序简洁,代码也便于阅读和理解,但递归算法也有其致命缺陷,就是递归调用的深度理论上是无穷,但实际程序运行要受到内存的制约,切记问题规模过大,会产生堆栈溢出,此时应寻求其他办法解决问题。

编写递归程序有以下两个要素：

(1) 问题要有递推的关系。

(2) 递推要有结束的条件。

符合以上两点的问题，才适用于用递归的方法加以解决。

【例 7-4】 求 n!。

分析：n!=n*(n−1)!,(n−1)!=(n−1)*(n−2)!,…,2!=2*1!,1!=1，由对 n!求解过程的分析可知，其完全符合递归编程的两个要素。

程序代码如下：

```
#include <stdio.h>
long long factorial(int n);
int main()
{
    int n;
    long long result;                    //结果可能很大
    //输入一个正整数 n
    printf("please input a positive integer:");
    scanf("%d",&n);
    //调用递归函数 factorial()求 n!
    result=factorial(n);
    //输出结果
    printf("%d! =%ld",n,result);
    return 0;
}
/* factorial 函数使用递归编程求解 n!
   输入为一整数 n
   返回值为 n! */
long long factorial(int n)
{
    if(n==1)                             //递归结束条件
        return 1;
    else
        return n*factorial(n-1);         //递推关系
}
```

程序运行结果为

```
please input a positive integer:5
5! = 120
```

从程序示例求 5!的运行结果看，递归求解完全正确。观察程序代码，确实简洁、易懂，灵活使用递归编程将达到事半功倍的效果。

【例 7-5】 Hanoi(汉诺塔)问题，这是一个经典的数学问题。汉诺塔是一个发源于印度的益智游戏，也叫河内塔，它是一根柱子上叠着从小到大 64 个圆盘，要将这些圆盘按从小到大的顺序移到另一根柱子上，其中任何时候大圆盘都不能放在小圆盘上面。

分析：汉诺塔示意图如图7-3所示。汉诺塔有3个塔柱A、B、C，开始时塔柱A上有n个从小到大依次摞列的盘子，现在要将n个圆盘移到C塔柱上，移动过程中可借助B塔柱，但不允许有任何一个大的圆盘压住小的圆盘，且整个移动过程都不能将圆盘放置于3个塔柱之外。

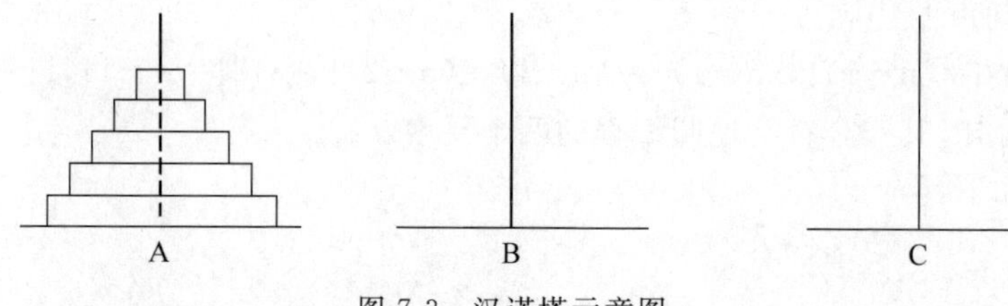

图7-3　汉诺塔示意图

考虑先将上面n－1个圆盘借助C柱移到B柱，此时A只剩下最后一个最大的圆盘n，而C柱上没有圆盘，可直接将圆盘n移到C柱上；然后借助C柱把B柱上的n－2个圆盘移到A柱，此时B柱上只剩下第n－1号圆盘，可直接将圆盘n－1移到C柱上；此时问题又回到起点，只不过问题规模变为n－2。

通过以上分析，汉诺塔问题符合递归算法的两个要点，问题有递推关系且问题规模逐渐缩小。上述移动汉诺塔圆盘的过程可用一个函数模拟，移动圆盘的过程可以用一个打印输出函数模拟。

程序代码如下：

```
#include <stdio.h>
int hanoiTower(int n,char x,char y,char z);
int move(char x,char y);
int step=0;
int main()
{
    int n;
    //输入要移动的盘子个数
    printf("Please input disk num:");
    scanf("%d",&n);
    //输出移动盘子的步骤
    printf("The step to move %d diskes:\n",n);
    hanoiTower(n,'A','B','C');
    return 0 ;
}
/* 本函数完成把 x 柱上的从小到大依次排列的 n 个圆盘
   借助 y 柱移到 z 柱上
   输入：n 为圆盘个数
         x、y、z 为柱子的编号
   返回值：无 */
int hanoiTower(int n,char x,char y,char z)
{
    if(n==1)
```

```
        moveDisk(x,z);
    else{
        hanoiTower(n-1,x,z,y);
        moveDisk(x,z);
        hanoiTower(n-1,y,x,z);
    }
    return;
}
/* 本函数完成模拟将一个圆盘从 x 柱移到 y 柱
   输入: x、y 为圆盘编号
   返回值: 无 */
int moveDisk(char x,char y)
{
    step++;
    printf("%d  %c--->%c\n",step,x,y);
    return;
}
```

程序运行结果为

```
Please input disk num:3
The step to move: 3 diskes:
1   A--->C
2   A--->B
3   C--->B
4   A--->C
5   B--->A
6   B--->C
7   A--->C
```

从运行结果可知,移动 3 个盘子用了 7 个步骤,读者可依次测试移动 4 个盘子用了 15 步,移动 5 个盘子用了 31 步,……,移动 n 个盘子需要 2^n-1 步,读者可自行计算当 n=64 时,全部移完大约需要多少步。

7.4 变量的作用域及生存周期

C 程序是由一系列的函数组成的,各个函数的定义是平行且独立的。这就说明各个函数可以定义自己的变量,而不必关心其他函数。C 语言还规定变量不允许重复定义。C 语言如何解决这个问题呢? 变量的作用域可以解决此类问题。

7.4.1 变量的作用域

C 语言中,凡是在函数内部定义的变量,都称为**局部变量**。凡是在函数外部定义的变量,都称为**全局变量**。

例如,在一个文件中有如下定义:

```
int a,b;                          //在函数外部定义的两个全局变量 a、b
int main()                        //主函数
{
```

```
    int x,y;                              //在主函数内部定义的两个局部变量
    …
}
int c,d;                                  //在函数外部定义的两个全局变量 c、d
double function1(int x,y)                 //形式参数,在函数内部可以使用
{
     int i,j;                             //函数 function1 内部定义的两个局部变量
        …
    {
    short m,n;
    …
    }
    …
}
```

关于局部变量的几点说明：

(1) 主函数内部定义的变量 x、y 也只在主函数内部有效,它们也是局部变量。

(2) 不同函数中可定义相同的变量,它们都是局部变量,互不干扰。例如,主函数中定义了变量 x、y,而 function1 中也定义了参变量 x,y,二者在内存中占据不同的空间。

(3) 函数的形参也是局部变量。例如,function1()函数的形参 x、y,它们完全可以在该函数内部像变量 i,j 一样使用。

(4) 在函数内部的复合语句中定义的变量也是局部变量。

(5) 局部变量的作用域在函数内部。参变量的作用域是整个函数,如 function1 的 x、y;普通声明的变量作用域从声明开始到函数结束,如 function1 中的 i、j;复合语句中声明的变量从声明位置开始,到复合语句结束而结束,如 function1 中的 m、n。

关于全局变量的几点说明：

(1) 全局变量属于整个程序文件。在同一文件中的所有函数都可以引用,都可以改变其值,这样一方面提供了各函数间传递信息的另一渠道,同时也带来了未知的风险(变量值何时被修改、变量值被谁修改、变量值的改变对本函数执行的影响),所以,使用全局变量要谨慎。

(2) 全局变量的作用域从声明位置开始到本文件结束。例如,上例中的全局变量 a、b 的作用域是整个文件,而全局变量 c、d 的作用域是从声明位置开始到文件结束,主函数是无法直接引用 c、d 的。如果主函数要引用后面声明的全局变量,需要事先用 extern c、d 声明一下。

(3) 当全局变量与局部变量同名时,局部变量屏蔽全局变量,即在同名局部变量的作用域内,使用的是局部变量,全局变量不起作用。

7.4.2 变量的生存周期

C 语言中,由于变量声明的位置不同,不但其作用域不同,而且其在系统中生命周期也不同。所谓变量的生命周期,是指系统为变量分配内存空间开始,到系统收回变量所占内存空间这一时间段。在生命周期内,变量可以被使用;生命周期结束,变量就无法再使用了。

程序中变量的生命周期如下：

(1) 全局变量：系统中全局变量在程序的全部执行过程中都占用内存空间，其生命周期与整个程序相同。

(2) 局部变量：一般来说，局部变量的生命周期从其所在的函数被调用开始到函数调用返回结束。

7.5 变量的存储类别

C 语言中的变量不但有数据类型，而且还有存储类别。其中的数据类型决定了变量所占内存空间的大小，而存储类别决定了变量在内存中的位置，与变量的生命周期直接相关。从变量的作用域角度，变量分为局部变量和全局变量；从变量存在时间角度划分，可分为静态存储方式和动态存储方式。

7.5.1 内存中存储空间的分配

整个内存分为两大部分，即系统区和用户区，如图 7-4 所示。一个程序将系统分配给它的运行内存分为 4 个区域。

(1) 代码区，存放程序的代码，即程序中各个函数的代码块。

(2) 全局数据区，存放程序的全局数据和静态数据。

(3) 堆区，存放程序的动态生成的数据。

(4) 栈区，存放程序的局部数据，即各个函数中的数据。

从存储模型可知，静态存储区对应全局数据区，而动态存储区对应栈区。

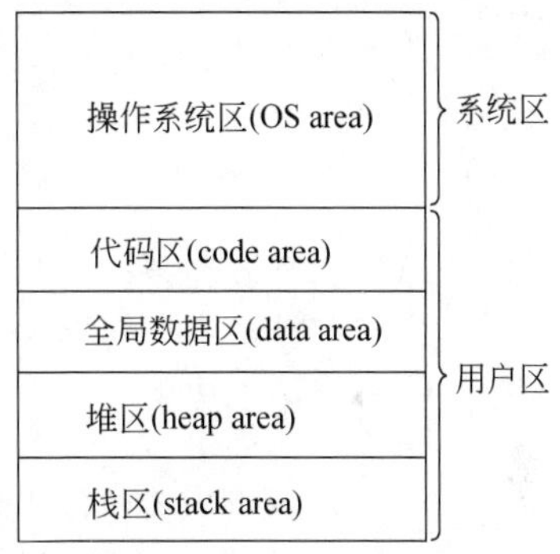

图 7-4 系统内存分配示意图

7.5.2 内存中变量的存储类别

变量的存储类别分为 4 种：自动的(auto)、静态的(static)、寄存器的(register)和外部的(extern)。

1. auto 变量

函数中的局部变量如不专门声明为 static 存储类别，都是动态地分配存储空间的，数据存储在动态存储区(栈区)中。函数中的形参和在函数中定义的变量(包括在复合语句中定义的变量)都属此类，调用该函数时系统会给它们分配存储空间，在函数调用结束时就自动释放这些存储空间。这类局部变量称为自动变量。自动变量用关键字 auto 作存储类别的声明。例如：

```
int functionA(int x)
{
    auto int a;
…
}
```

其中形参 x、局部变量 a 都是自动变量，它们在函数调用时分配，在函数调用结束时被系统动态回收。

C 中的局部变量默认为 auto 存储类型，因此定义时可省去不写，含义相同。

注意：未赋初值的自动变量，其值是所分配存储单元的原来的值，是不确定的。

2. 用 static 声明的局部变量

有时希望函数中的局部变量的值在函数调用结束后不消失而保留原值，这时就应该指定局部变量为"静态局部变量"，用关键字 static 进行声明。

【例 7-6】 静态局部变量的测试。

```
#include <stdio.h>
/*函数完成静态局部变量的测试*/
int functionB(int y)
{
    auto int b=1;
    static int c=1;
    printf("y=%d,b=%d,c=%d, ",y++,b++,c++);
    return y+b+c;
}
/*主函数*/
int main()
{
    int i,result,a=2;
    //3 次调用测试函数,观察结果
    for(i=0;i<3;i++)
    {
        printf("第%d 次, ",i);
        result=functionB(a);
        printf("返回值是: %d\n",result);
    }
    return 0;
}
```

运行结果为

```
第1次, y=2,b=1,c=1, 返回值是: 7
第2次, y=2,b=1,c=2, 返回值是: 8
第3次, y=2,b=1,c=3, 返回值是: 9
```

由运行结果得知，每次调用函数 functionB()时，动态局部变量都重新初始化，所以 3 次调用的结果中，形参 y 和自动变量 b 的值没有变化。相反，局部静态变量 c 第一次调用的结果是 1，第二次调用时其初值是 2，这恰恰是上次调用后 c 自增的结果。由此可见，静态存储区的变量即使在函数调用返回后仍然存在，下次使用时也不再对其进行初始化。

对静态局部变量的几点说明：

(1) 静态局部变量属于静态存储区（全局数据区），在程序整个运行期间都不释放，即其生命周期是整个程序的运行时间，和全局变量一样。而动态变量存储在动态存储区（栈），函数调用结束后即释放。

(2) 静态局部变量在编译时赋初值一次,以后调用函数时不再对其进行初始化,而是保留上次函数调用结束时的值。而对自动变量,则是每调用一次函数,就重新赋一次初值。

(3) 静态局部变量如果在定义时不赋初值,则编译时系统自动给赋初值。对于数值型数据给初值"0",对于字符类型数据给初值'\0'。自动变量如果不赋初值,则变量值为一个不确定的值。

(4) 静态局部变量仍然是一个局部变量,虽然其生命周期是全局变量的生命周期,但其作用域还是遵从局部变量的法则。

3. 用 register 声明的寄存器变量

为了提高效率,C 语言允许将局部变量的值放在 CPU 的寄存器中,这种变量叫寄存器变量,用关键字 register 进行声明。

例如:

```
register int i;
```

关于寄存器变量的几点说明:

(1) 只有局部自动变量和形式参数可以作为寄存器变量。

(2) 一个计算机系统中的寄存器数目有限,不能定义任意多个寄存器变量。

(3) 局部静态变量不能定义为寄存器变量。

4. 用 extern 声明的外部变量

外部变量(即全局变量)是在函数外部定义的,它的作用域为从变量定义处开始,到本程序文件的末尾。如果外部变量不在文件的开头定义,其有效的作用范围只限于定义处到文件结束位置。如果在定义点之前的函数想引用该外部变量,则需要在引用前用关键字 extern 对该变量作外部变量声明,表示该变量是一个已经定义的外部变量。有了此声明,就可以从声明处起,合法地使用该外部变量。

7.6 C 内部函数和外部函数

函数的调用一般是对同一个源文件中的其他函数进行调用的,也可以对另外一个源文件中的函数进行调用。C 语言中,根据能否被其他源文件调用,将函数分为内部函数和外部函数。

7.6.1 内部函数

如果一个函数只能被本文件中的其他函数调用,则这个函数就被称为内部函数。定义内部函数时,在函数类型前面加上 static 即可。

例如:

```
static int functionC(int x,int y)
{
…
}
```

内部函数又称静态函数。静态函数仅限于本文件使用,不同文件中即使有同名的内部函数,也互不干扰。

7.6.2 外部函数

开发大型项目可能由很多源文件分别实现,最终整合在一起。有时一个源文件中需要调用其他源文件中的函数。调用外部函数之前,需要在当前源文件中声明外部函数。

声明外部函数的方式是在函数类型前面添加 extern 关键字。例如:

```
extern int functionA(int x,int y);
```

C 语言规定,定义一个函数时,可以在函数类型前加上 extern 关键字,表明本函数可以被其他文件的函数调用,但也可以不加 extern,默认也是外部函数。

【例 7-7】 多文件外部函数测试范例。

本例由 3 个文件组成,文件 1(file1. c)中定义了主函数,它需要调用文件 2(file. c)中定义的 add()函数计算两数之和,需要调用文件 3(file3. c)中定义的 sub()函数计算两数之差。

程序代码如下:

(1) file1. c 代码。

```
#include <stdio.h>
extern int add(int x,int y);
extern int sub(int x,int y);
int main()
{
    int a,b;
    printf("please input two number:");
    scanf("%d,%d",&a,&b);
    printf("%d +%d =%d\n",a,b,add(a,b));
    printf("%d -%d =%d\n",a,b,sub(a,b));
    return 0;
}
```

(2) file2. c 代码。

```
#include <stdio.h>
int add(int x,int y)
{
    return x+y;
}
```

(3) file3. c 代码。

```
#include <stdio.h>
int sub(int x,int y)
{
    return x-y;
}
```

程序运行结果为

```
please input two number:10,5
10 + 5 = 15
10 - 5 = 5
```

由结果可知,程序运行正确。读者可删除文件1中对外部函数的声明尝试一下,会发现有编译错误。

7.7　函数C程序实例

在未学习函数前,读者看到的程序都是由主函数完成所有程序的功能,其实这是极其不合理的。一方面,这不符合模块化的程序设计思想,模块化希望我们把复杂问题进行分解,由每个函数实现较单一的功能;另一方面,也不利于程序的维护,试想一个有复杂功能、代码冗长的函数可读性一定很差、可维护性也差。因此,应把主函数解放出来,它只负责程序的整体流程控制,由各个函数实现具体的功能。下面请读者通过实例理解和体会。

问题

设计一个简易的算数计算器。

分析

本例实现一个能计算加、减、乘、除四则运算的模拟计算器,用户首先输入要进行的运算选项,然后按提示输入运算项,即可得到希望的结果。

程序代码如下:

```
#include <stdio.h>
char get_choice(int);                //获取用户输入的选项,并建立系统菜单
char get_first(int);                 //获取用户输入的选项,并剔除错误输入
float get_int(int);                  //获取用户输入的计算值
int add(int);                        //定义加法函数
int sub(int);                        //定义减法函数
int mul(int);                        //定义乘法函数
int div(int);                        //定义除法函数
int count =0;                        //接收用户输入的选项全局变量
//主函数
int main()
{
    char choice;
    choice =get_choice();
    while(choice !='q')
    {
        switch(choice)
        {
            case 'a': add(); break;
            case 'b': sub(); break;
            case 'c': mul(); break;
            case 'd': div(); break;
```

```
            case 'q': quit(); break;
            default : printf("您输入有误,请重新输入: "); break;
        }
        fflush(stdin);                  //用来清空输入缓冲区
        choice=get_choice();
    }
    return 0;
}
//获取用户输入的选项,并建立目录
char get_choice(int)
{
    char ch;
    system("cls");                      //清除屏幕
    printf("\n  ***欢迎使用计算器***");
    //建立目录
    printf("\n--------------------\n");
    printf("a.加法(+)\tb.减法(-)\n");
    printf("c.乘法(*)\td.除法(/)\n");
    printf("q.退出");
    printf("\n--------------------\n");
    printf("请输入你的选项:");
    ch=get_first();
    while(ch==' ' || ch=='\n' || ch=='\t')
        ch=get_first();
    //判断用户输入的选项是否有误
    while((ch<'a' || ch>'d') && ch !='q')
    {   putchar(ch);
        printf("你输入的选项有误,请重新输入: ");
        ch=get_first();
    }
    return ch;
}
//获取用户输入的选项,并剔除错误输入
char get_first(int)
{
    char ch;
    ch=getchar();
    //剔除由用户输入选项时产生的换行符
    while(ch=='\n') ch=getchar();
    return ch;
}
//获取用户输入的计算值
float get_int(int)
{
    float in;
```

```
    char ch;
    int ret;
    if(count ==0)
        printf("\n 请输入数值: ");
    if(count ==1)
        printf("\n 请输入第一个数值: ");
    if(count ==2)
        printf("\n 请输入第二个数值: ");
    ret =scanf("%f", &in);
    //判断用户的输入是否为一个数值
    while(ret !=1)
    {     //剔除用户输入错误的字符
          while((ch =getchar()) !='\n')
          {     putchar(ch);
                printf(" 不是一个数值,请输入例如 3、111.2 或者-1");
               ret =scanf("%f", &in);
          }
    }
    return in;
}
//定义加法函数
int add(int)
{
    float i, j;
    count =0;
    count++;
    i =get_int();
    count++;
    j =get_int();
    printf("\n %.2f +%.2f =%.2f\n", i, j, i+j);
    getch();
    return ;
}
//定义减法函数
int sub(int)
{     float i, j;
      count =0;
      count++;
      i =get_int();
      count++;
      j =get_int();
      printf("\n %.2f -%.2f =%.2f\n", i, j, i-j);
      getch();
      return ;
}
```

```
//定义乘法函数
int mul(int)
{    float i, j;
     count =0;
     count++;
     i =get_int();
     count++;
     j =get_int();
     printf("\n %.2f * %.2f =%.2f\n", i, j, i*j);
     getch();
     return ;
}
//定义除法函数
int div(int)
{    float i, j;
     count =0;
     count++;
     i =get_int();
     count++;
     j =get_int();
     //判断除数是否为 0
     while(j ==0)
     {    printf("除数不能为 0\n 请重新输入!!!\n");
          j =get_int();
     }
     printf("\n %.2f / %.2f =%.2f\n", i, j, (float)i/j);
     getch();
     return ;
}
//定义退出函数
intquit(int)
{
    exit(0);
}
```

运行结果为

```
  ***欢迎使用计算器***
-------------------------
 a. 加法(+)    b. 减法(-)
 c. 乘法(*)    d. 除法(/)
 q. 退出
-------------------------
请输入你的选项:a

请输入第一个数值: 3

请输入第二个数值: 4

3.00 + 4.00 = 7.00
```

通过以上例题读者会发现,虽然本例较以往任何一个例题代码都要长,但程序极易读懂，这就是模块化设计所带来的好处。每个模块功能单一，既便于读，又容易实现。读者要养成用函数解决问题的习惯，并掌握其中的设计技巧，就会事半功倍，大大简化编程的难度，同时提高程序开发的效率。

习　题

1. 声明变量的存储类型的关键字有哪些？

2. 下列函数输出一行字符：先输出 kb 个空格，再输出 n 个字符，试根据题意补充完整。

```
#include <stdio.h>
int print( )
{ int I;
  for(i=1;i<=kb;i++)
  for ( ) printf("%c",zf);
}
```

3. 以下程序的输出结果是________。

```
int fun(int x,int y)
{ x=x+y;y=x-y;x=x-y; printf("%d,%d,",x,y); }
int main()
{ int x=2,y=3; fun(x,y); printf("%d,%d\n",x,y); return 0; }
```

4. 写两个函数，分别求两个整数的最大公约数和最小公倍数，用主函数调用这两个函数，并输出结果。整数由键盘输入。

5. 使用函数计算分段函数的值。主函数输入 x 的值，调用 sign()函数，返回结果。

分段函数的定义如下：

$$f(x)=\begin{cases}1 & x>0\\0 & x=0\\-1 & x<0\end{cases}$$

6. 从键盘输入两个正整数，要求两数的距离不大于 50。编写函数，统计并输出两数之间所有素数的个数及它们的和。函数名为 prime()。

7. 编写函数，输入一个 4 位数，要求输出这 4 个数字字符，每两个数字字符间空一个空格。

8. 编写一个函数 countdigit(number,digit)，接收键盘输入的一个整数，统计其中某个数值出现的次数。

9. 用递归的方法将一个整数 n 转换成字符串。例如，输入 483，输出"483"。n 是任意位数。

10. 用牛顿迭代法求方程 $a x^3+b x^2+cx+d=0$，系数 a、b、c、d 的值为 1、2、3、4，由主函数输入，求在 1 附近的一个实根。主函数最后输出方程的根。

11. 编写一函数，输入一个十六进制数，输出一个十进制数。

第 8 章 指针

指针是C语言的重要特色之一。正确使用指针,极大地增加了编程的灵活性。掌握指针就可以使C程序简洁、紧凑、高效。指针可以访问复杂数据结构;指针能够动态分配内存;指针可以方便字符串的处理;指针可以高效地访问数组。可以说,掌握了指针,就掌握了C语言的灵魂,反之就可以说没有学会C语言。

本章首先介绍指针的概念、指针变量的定义,然后介绍指针访问数组的方法、指针对字符串的操作、指针对函数的操作、指针数组以及指向指针的指针,最后给出指针的综合应用实例。

8.1 指针及指针变量

8.1.1 指针的概念

众所周知,内存是按字节连续编址的,如图 8-1 所示。理论上讲,每个内存单元都有一个地址。毫不夸张地说,掌握了内存单元的地址,也就找到了提取单元数据的钥匙。

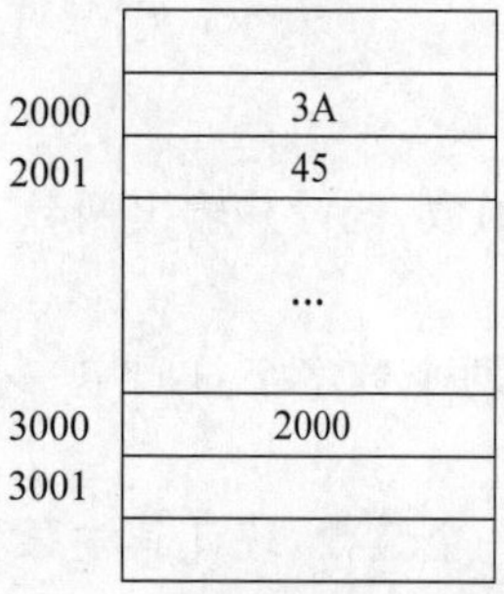

地址	内容
2000	3A
2001	45
	…
3000	2000
3001	

图 8-1 内存编址示意图

从寻址方式角度看,如果操作的数据 0x3A 存储在某个内存单元中,而已知条件是该内存单元的地址为 2000,此时可通过地址 2000 直接访问内存而获得数据 0x3A,这种情况称为直接寻址。如果要操作的数据 0x3A 所在的存储单元的地址事先存在另一内存单元,而此时已知的是该内存单元的地址 3000,要取得操作数,就必须通过已知条件先取得数据所在单元的地址 2000,然后再通过这个地址取得操作数,这种情况称为间接寻址。

也可以形象地把内存单元比作房间,则内存单元的地址就是房间的门牌号,完全可以通过门牌号找到这个房间,就好像门牌号指向了房间一样,因此在C语言中形象地称内存地址为"指针"。

8.1.2　指针变量

通过前面的学习可知,变量需要占据内存单元,因此变量是有地址的。又因为变量类型不同,所占据内存单元的多少也不同,那么变量的地址如何与内存单元地址对应呢?当变量占据一个字节时,变量的地址与内存单元地址一一对应;当变量占据两个以上单元时,系统规定把最低的地址作为整个变量的地址,数据低位存储在低地址字节,高位存储在高地址字节。如果事先把一个变量的地址存储在另一内存单元中,就好像该内存单元指向了变量,此时形象地称这个存储地址的内存单元为指针变量。

1. 指针变量的定义

指针变量定义的一般形式为

```
基类型 *指针变量名;
```

例如:

```
int a;                              /*定义了一个整型变量 a */
int *pa;                            /*定义了一个指针变量 pa,pa 可以指向整型变量*/
pa=&a;                              /*通过给指针变量赋值,使 pa 指向变量 a */
```

重点要理解两点:

(1) 定义中的“*”表示该变量不是普通变量,而是指针变量。指针变量里存储的是地址值,这一点要与定义普通变量严格区分。

(2) 定义中的“基类型”表示该指针指向变量所占内存单元字节数,因此给指针变量赋值时,尽量做到类型匹配,否则通过指针获得的数据可能是不正确的。

2. 指针变量的引用

指针变量也是变量,但必须为其赋地址值。指针变量的引用指通过指针变量访问数据,在指针变量前面加“*”即可。

【例 8-1】 通过指针变量访问普通变量。

各变量的变化过程示意图如图 8-2 所示。如图 8-2(a)所示,当定义了变量 a 和指针变量 pa 后,二者并无关联;但当执行 pa=&a 语句后,二者产生了关联,如图 8-2(b)所示。

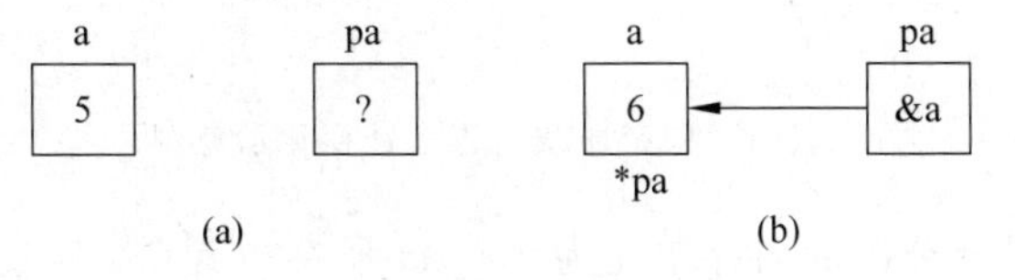

图 8-2　指针变量引用示意图

```
#include <stdio.h>
int main()
{
    int a=5;                        //定义一个整型变量 a
    int *pa;                        //定义一个整型的指针变量 pa
    pa=&a;                          //pa 指向变量 a
    *pa=6;                          //此时将变量 a 的值修改为 6
```

```
    printf("a=%d",a);
    return 0;
}
```


运行结果为

```
a=6
```

从运行结果看,通过 * pa 可以修改变量 a 的值。

8.1.3 指针变量的运算

指针变量中存放着地址值,一般比较两个地址值的大小是没有意义的,在 C 程序中,一般都是对指针变量做加、减运算。下面以加法为例进行讲解。

例如:有如下定义,定义变量后内存单元示意图如图 8-3 所示。

```
int a=3, * pa;                     /* 定义一个 int 型变量 a,一个 int 型指针变量 pa */
char b='A', * pb;                  /* 定义一个 char 型变量 b,一个 char 型指针变量 pb */
pa=&a;                             /* pa 指向 a */
pb=&b;                             /* pb 指向 b */
```

1. 指针变量的加减运算

本例中,假设变量 a 分配的内存单元为 2000H 起的连续 4B(本书采用的 dev C++ 中 int 占 4B),初始化后如图 8-3(a)所示。当执行 pa++后,pa 指向了地址为 2004H 的内存单元。这说明对于整型的指针变量而言,加 1 就意味着加 4。

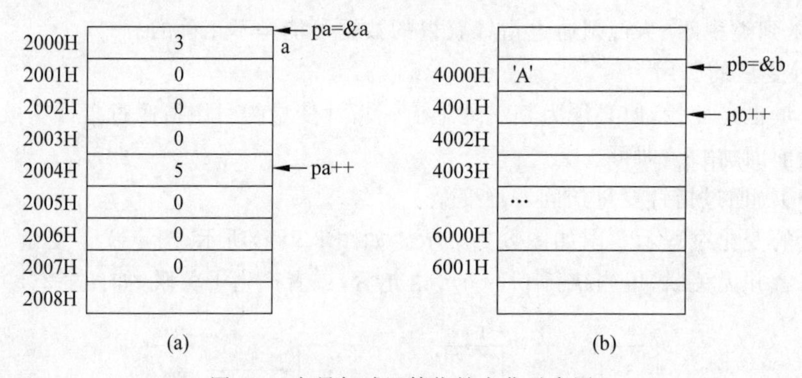

图 8-3 变量加减运算指针变化示意图

本例中,假设变量 b 分配的内存单元为 4000H 所在单元(本书采用的 dev C++ 中 char 占一个字节),初始化后如图 8-3(b)所示。当执行 pb++后,pb 指向了地址为 4001H 的内存单元。这说明对于字符型的指针变量而言,加 1 就意味着加 1。

综合以上两例可知,不同类型的指针变量加 1 的含义不同,归结起来,加 1 就是加 sizeof(基类型),加 n 就是加 n * sizeof(基类型)。

2. 指针变量引用的加减运算

本例中,当执行完 pa=&a 后,如果接下来执行(* pa)++,则执行后变量 a 的值为 4,这就说明对指针变量的引用加 1,就是对指针指向的变量的值加 1。同理,执行完 pb=&b 后,如果接下来执行(* pb)++,则执行后变量 a 的值为'B',这就说明对指针变量的引用加

1，就是对指针指向的变量的值加 1。

注意：如果将上述案例的(＊pa)＋＋写成＊pa＋＋，两者的含义完全不同。前者是先引用指针变量，然后指针指向单元的内容加 1；后者是先指针变量加 1，指向下一个整型数据的首地址，然后引用后来单元的值。如果内存中当前的值情况如图 8-3(a)所示，则(＊pa)＋＋的作用是将 2000H 单元的值修改为 4；而＊pa＋＋的含义则是引用 2004H 单元的值 5。这和运算符的优先级以及系统扫描是从左到右，还是从右到左有关。使用这种操作时，一定要做好测试，否则就分开写。

8.2　指针与数组

一个变量占据内存空间，有自己的地址；同样，一个数组占据一段连续的内存空间，也有自己的地址。指针变量既然可以指向变量，当然也可以指向数组元素。引用数组元素不但可以用下标法，而且还可以用指针。

8.2.1　指针操作一维数组

1. 数组元素的指针

数组元素可以像普通变量一样操作，所以定义一个指向数组元素的指针变量和定义一个指向普通变量的指针变量没有区别，前提是二者必须类型相同，例如：

```
int a[10];
float b[10];
int *pa;                    /* int 型指针变量 pa 可以指向数组 a 的元素 */
float *pb;                  /* float 型指针变量 pb 可以指向数组 b 的元素 */
pa=&a[2];                   /* pa 指向了数组 a 的元素 a[2] */
pb=&b[9];                   /* pb 指向了数组 b 的元素 b[9] */
```

【例 8-2】　使用指针变量实现输入 10 个数到数组，再输出数组元素。

程序代码如下：

```
#include <stdio.h>
int main()
{
    int a[10];
    int i, *pa;
    pa=&a[0];                   //pa 指向数组第一个元素
    //给数组 a 的各个元素赋值
    for(i=0;i<10;i++)
    //先将数存入 pa 指向的元素，然后使 pa 指向数组的下一个元素
    scanf("%d",pa++);
    pa=&a[0];
    //输出数组 a
    for(i=0;i<10;i++)
    {
        printf("%d ", *pa);
        pa++;
```

```
    }
    return 0;
}
```


运行结果为

```
1 2 3 4 5 6 7 8 9 10↙
1 2 3 4 5 6 7 8 9 10
```

C语言规定,数组名代表数组的首个元素的地址,也可以说是整个数组的首地址,因此上述例子中的语句 pa=&a[0]完全可以写成 pa=a。

注意:使用指针引用数组元素,指针的基类型要与数组类型一致。

2. 数组元素的指针引用方法

现有如下语句:

```
int a[10];
int *pa;
pa=a;
```

则有:

(1) pa+i 和 a+i 都是数组元素 a[i]的地址,这里再次强调 pa+i 相当于 pa+sizeof(int)*i,而不是简单地加 i。

(2) *(pa+i)和*(a+i)是 pa+i 和 a+i 所指向的数组元素 a[i]。既然*(pa+i)和*(a+i)两者都是 a[i],*(pa+i)也可以写成 pa[i]的形式。

根据以上两点,引用一个数组元素既可以使用下标法 pa[i]、a[i],也可以使用指针法*(pa+i)、*(a+i)。

【例 8-3】 使用下标法输出数组元素。

```
#include <stdio.h>
int main()
{
    int a[10];
    int i, *pa;
    pa=a;                          //pa指向数组的第一个元素
    //给数组a的各个元素赋值
    for(i=0;i<10;i++)
        scanf("%d",pa++);          //输入数组元素的值
    pa=a;
    //输出数组a
    for(i=0;i<10;i++)
        printf("%d ",pa[i]);       //指针变量+下标引用数组元素
    return 0;
}
```

运行结果为

```
1 2 3 4 5 6 7 8 9 10↙
1 2 3 4 5 6 7 8 9 10
```

从运行结果可知，使用指针变量+下标的形式和使用下标法 a[i]的效果完全相同，即 pa[i]就是 a[i]。

注意：

(1) 就数组而言，数组名是数组区域的首地址，它是一个地址常量，不能被改变。因为数组一旦建立后，就由系统分配了确定的存储区域，其地址不能改变。若改变数组名，就相当于改变数组存储区域的地址，这属于非法操作。

(2) 如果指针变量 p 指向的是数组元素，则 *p++与(*p)++的作用不同。根据运算符的右结合性，*p++中的++是作用在变量 p 上，等价于*(p++)，表示对指针变量 p 加 1，使指针指向后一个元素，如果是(*p)++，则是指针 p 所指向的对象加 1。

(3) 指针变量可以实现本身的值的改变，如 p++是合法的，而 a++是错误的。因为 a 是数组名，它是数组的首地址，是常量。

(4) *(p++)与*(++p)的作用不同。如果 p 当前指向 a 数组中的第 i 个元素，则

```
*(p--)相当于 a[i--];
*(++p)相当于 a[++i];
*(--p)相当于 a[--i]。
```

8.2.2 数组名作为函数参数

以往函数的参数采用整型、浮点型、字符型数据时，它们都是单向的值传递，被调函数对形参值的改变不会影响主调函数的实参。但当形参采用指针类型时，被调函数中对形参的改变是会影响实参的。这是指针作为函数参数的显著特点。

根据实参与形参的对应关系，数组名作为参数有 4 种情形。

(1) 形参和实参都是数组名

```
int main( )
{
    int a[10];
      …
    fun(a,10);
      …
  }
int fun(int arr[],int n)
  {
      …
  }
```

(2) 实参用数组名，形参用指针

```
int main( )
{
    int a[10];
      …
    fun(a,10);
      …
}
int fun(int *p,int n)
```

```
  {
     …
  }
```

(3) 实参用指针,形参用数组

```
int main( )
{
    int a[10];
    int * pa=a;
      …
     fun(a,10);
      …
}
int fun(int arr[],int n)
  {
      …
  }
```

(4) 形参和实参都用指针

```
int main( )
{
    int a[10];
    int * pa=a;
      …
    fun(a,10);
      …
}
int fun(int * p,int n)
  {
      …
  }
```

实参无论使用数组名,还是使用一个指向数组的指针变量,其本质都是指向数组的指针(数组的首地址)。而形参是用来接收从实参传递过的数组首地址的,因此形参应该是一个指针变量(只有指针变量才能存放地址值)。实际上,C编译器都是将形参数组名作为指针变量处理的。

既然形参数组名是用来接收实参数组首地址的,并没有开辟新的数组空间,其本质上就是一个指针变量,建议学了指针后,就不要再使用数组作为形参了,这样更专业。另外,既然形参指针变量接收了实参的数组首地址,也就意味着形参指针也指向了主调函数中的同一数组,所以,在被调函数中对指针指向的数组的操作,就是对主调函数中的数组的操作,在被调函数中对数组的计算,结果都会反映到主调函数中。

【例 8-4】 编写一个选择排序函数,完成对主函数中数组元素的排序。

分析:选择排序法的基本思想类似于冒泡排序法,首先扫描整个数组,找出其中值最小的元素,然后让这个元素与数组第一个元素的值交换,完成第一趟排序,结果就是将最小值放到了数组的第一个位置。相比冒泡排序,选择排序法大大减少了数组元素值交换的次数,从而提高了程序的执行效率。第二趟排序的任务是从数组第二个元素开始扫描，找出数组中次小的值，然后让该元素的值与数组第二个元素的值进行交换，从而将次小的元素值放到预期位置。对于一个有 n 个元素的数组，整个排序过程需要 n－1 趟。

下面以 10 个元素的 a 数组为例，说明选择排序法的排序过程。

a[0]	a[1]	a[2]	a[3]	a[4]	a[5]	a[6]	a[7]	a[8]	a[9]	
3	7	2	9	8	6	0	1	5	4	数组 a 的原始数据
0	7	2	9	8	6	3	1	5	4	第一趟扫描，最小值 0<=>a[0]
0	1	2	9	8	6	3	7	5	4	第二趟扫描，剩余元素最小值 1<=>a[1]
0	1	2	9	8	6	3	7	5	4	第三趟扫描，剩余元素最小值 2<=>a[2]
0	1	2	3	8	6	9	7	5	4	第四趟扫描，剩余元素最小值 3<=>a[3]
0	1	2	3	4	6	9	7	5	8	第五趟扫描，剩余元素最小值 4<=>a[4]
0	1	2	3	4	5	9	7	6	8	第六趟扫描，剩余元素最小值 5<=>a[5]
0	1	2	3	4	5	6	7	9	8	第七趟扫描，剩余元素最小值 6<=>a[6]
0	1	2	3	4	5	6	7	9	8	第八趟扫描，剩余元素最小值 7<=>a[7]
0	1	2	3	4	5	6	7	8	9	第九趟扫描，剩余元素最小值 8<=>a[8]

选择排序法的 N-S 流程图如图 8-4 所示。

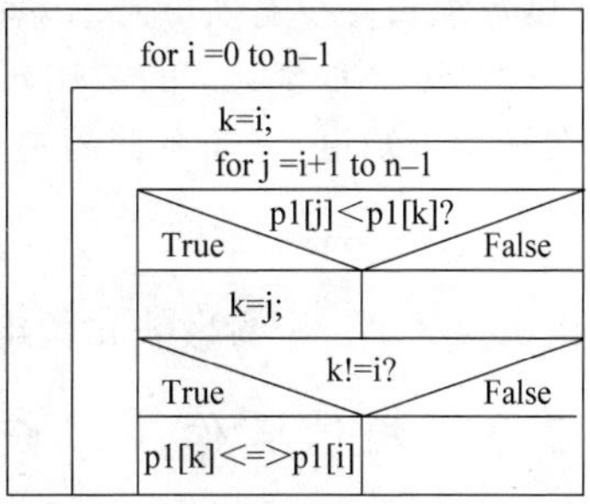

程序代码如下：

```
#include <stdio.h>
#define N 10
int selSort(int * p1,int n);        //声明排序函数
int main()
{
    int a[N],i;
    printf("please input %d int number:\n",N);
    for(i=0;i<N;i++)
    scanf("%d",&a[i]);
    sel Sort(a,N);
    printf("The sorted result is:\n");
    for(i=0;i<N;i++)
    printf("%3d",a[i]);
    return 0;
}
int selSort(int * p1,int n)
{
    int i,j,k,temp;
    for(i=0;i<n-1;i++){             //共 n-1 趟扫描
        k=i;
        for(j=i+1;j<n;j++)
            if(p1[j]<p1[k])
                k=j;                //记录当前数组未有序部分的最小值
        if(k!=i){                   //如果最小值所在元素不是预先指定的元素，就交换
            temp=p1[k];
            p1[k]=p1[i];
            p1[i]=temp;
        }
```

for i =0 to n–1
k=i;
for j =i+1 to n–1
p1[j]<p1[k]? True False
k=j;
k!=i? True False
p1[k]<=>p1[i]

图 8-4　选择排序法的 N-S 流程图

```
    }
}
```

运行结果为


```
please input 10 int number:
10 9 8 7 6 5 4 3 2 1
The sorted result is:
  1  2  3  4  5  6  7  8  9 10
```

分析：主程序首先输入10个整数给数组a，其次调用selSort()函数对数组a进行排序，最后依次输出数组a的各个元素。从程序的运行结果看，selSort()函数完成了对主程序中输入的10个数据从小到大排序的任务，从而也说明了函数使用指针变量作为形参，能够使实参和形参使用相同的内存空间，从而达到在被调函数中对主调函数数据进行操作的目的，为主调函数和被调函数之间的通信提供了另一种渠道。

关于数组名作为函数参数的几点说明：

(1) 数组名作为函数参数，形参、实参都是一个地址，即数组的首地址，绝对没有将整个数组传递过去，请读者认真体会。

(2) 既然数组名作为函数参数，形参只是接收地址值，因此形参如果是以数组形式出现，则数组长度没有实际意义，即函数首部形如fun(int arr[],…)即可，不必给出数组长度。

(3) 既然形参定义的数组没有长度，那么访问这个数组时如何知道原数组的长度呢？答案是无法知道，除非主调函数告诉被调函数。因此，被调函数的一般定义形式为

```
fun(int arr[],int n)
```

即由函数的第二个参数获知数组长度。

8.2.3 指针操作多维数组

我们知道，二维数组是按照行优先顺序存储的，如何证明？二维数组a中还存在a[0]、a[1]吗？如果存在，它们的含义是什么？下面通过例题进行验证和解答。

【例8-5】 二维数组的内存地址测试。

```
#include <stdio.h>
int main()
{
    int a[3][4]={1,2,3,4,5,6,7,8,9,10,11,12};
    int i,j;
    //输出每个数组元素的地址
    for(i=0;i<3;i++){
        for(j=0;j<4;j++){
            printf("a[%d][%d]-->%x ",i,j,&a[i][j]);
        }
        printf("\n");
    }
    //输出a[0]、a[1]、a[2]
    for(i=0;i<3;i++){
        printf("a[%d]-->%x  ",i,a[i]);
    }
    //输出a的值
```

```
    printf("a-->%x",a);
    return 0;
}
```

运行结果为

```
a[0][0]-->62fe10  a[0][1]-->62fe14  a[0][2]-->62fe18  a[0][3]-->62fe1c
a[1][0]-->62fe20  a[1][1]-->62fe24  a[1][2]-->62fe28  a[1][3]-->62fe2c
a[2][0]-->62fe30  a[2][1]-->62fe34  a[2][2]-->62fe38  a[2][3]-->62fe3c
a[0]-->62fe10  a[1]-->62fe20  a[2]-->62fe30  a-->62fe10
```

运行结果很好地回答了上面两个问题。二维数组在内存中的确是按照行优先顺序存储的;a[0]、a[1]是存在的。

分析：以上结果地址都是以十六进制形式输出的(十进制数太长)。由运行结果可知,a[0][0]的地址是0x62fe10,a[0][1]的地址是0x62fe14,a[0][2]的地址是0x62fe18,a[0][3]的地址是0x62fe1c,相邻两个数组元素的地址刚好差4,这说明数组a的每个元素(int型)占4B的内存,各个数组元素是连续存放的。

第0行的最后一个元素a[0][3]的地址是62fe1c,第1行的第一个元素a[1][0]的地址是0x62fe20,二者刚好差4,说明第一行与第二行是首尾相接存放的,这就是以前本书提到的二维数组是按照行优先顺序存储的。

运行结果中不但a[0]、a[1]、a[2]可以访问,而且它们的值是地址值。其中a[0]的值是0x62fe10,这与数组元素a[0][0]的地址相同;a[1]的值是0x62fe20,这与数组元素a[1][0]的地址相同;a[2]的值是0x62fe30,这与数组元素a[2][0]的地址相同。这说明a[0]的值是第0行元素的首地址,a[1]的值是第1行元素的首地址,a[2]的值是第2行元素的首地址。

最后,运行结果a的值是0x62fe10,这个值既是整个数组的首地址,同时它还是数组元素a[0][0]的地址,它也是第0行元素的首地址a[0]。

还可以在例8-5的基础上测试a++、a[0]++。测试发现,这两个运算是不能通过编译的,也就是说,a、a[0]都是地址常量,不能做自增运算。进一步测试a+1、a[0]+1的值,分别得到0x62fe20、0x62fe14。

经过以上分析,可以得出二维数组a的逻辑结构以及在内存中的存储情况,如图8-5所示。

通过对例8-5的运行结果进行分析,得到以下结论:

(1) 二维数组在内存中是按照行优先顺序存储的。

(2) 二维数组a[3][4]可以看成由3个一维数组组成,每个一维数组由4个int型元素组成,3个一维数组的数组名分别是a[0]、a[1]、a[2]。切记a[0]、a[1]、a[2]是3个行地址,是常量。

(3) a是二维数组a[3][4]的数组名,是整个二维数组第0行的首地址,即a[0];a+1是第1行的首地址,即a[1];a+2是第2行的首地址,即a[2]。

(4) 既然a[0]、a[1]、a[2]是一维数组名,那么a[0]+0就是a[0][0]的地址,a[0]+1就是a[0][1]的地址……

(5) 有了二维数组元素的地址,就可以根据指针引用元素的值了。对于数组元素a[i][j],它的地址是a[i]+j,那么它的值就是*(a[i]+j)。

(6) 访问数组有两种方法,即下标法和指针法。对于数组a的第i行、第j列元素,下标法访问就是a[i][j],指针法访问就是*(*(a+i)+j)。

(7) 对于一维数组int a[10],int *p1; 如果执行了p1=a,那么数组元素既可以写作a[i],也可以写作p1[i],指针法就是*(p1+i)。对于一个二维数组int a[3][4],int (*p2)

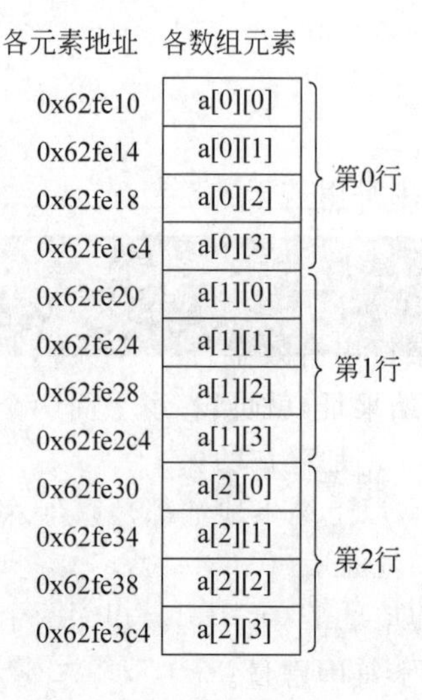

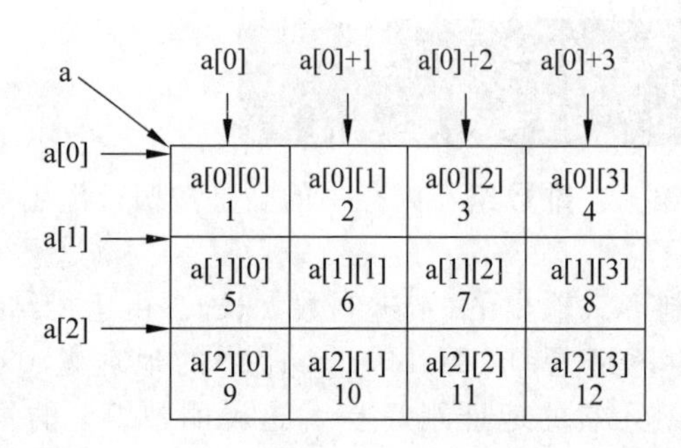

(a) 逻辑结构　　(b) 内存分布

图 8-5　二维数组的逻辑结构及内存分布图

[4];如果执行了 p2=a,那么数组元素 a[i][j]可以写作 p2[i][j],指针法就是 *(*(p2+i)+j)。这里的指针变量 p2 称作行指针,它是一个能够指向具有 4 个 int 型元素的行指针。

【例 8-6】 使用指向数组元素的指针变量访问二维数组元素。

程序代码如下:

```
#include <stdio.h>
int main()
{
    int a[3][4]={1,2,3,4,5,6,7,8,9,10,11,12};
    int *p;
    for(p=a[0];p<a[0]+12;p++)
    {
        if((p-a[0])%4==0)
            printf("\n");
        printf("%4d",*p);
    }
    return 0;
}
```

运行结果为

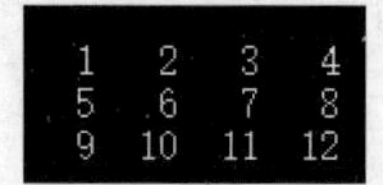
```
   1   2   3   4
   5   6   7   8
   9  10  11  12
```

分析以上结果可知,程序中的 p 是一个整型的指针变量,p=a[0]相当于 p=a[0]+0,而 a[0]+0 就是 a[0][0]的地址,所以二者类型匹配。这里绝对不是 p 与 a[0]本身的类型匹配,这一点请读者细心体会。

类似地,可以把二维数组与指针的计算关系扩展到三维,甚至更多维的数组。例如,可以把 int a[3][4][5]看作是由 3 个 4×5 的二维数组组成的数组。

8.3 指针与字符串

字符串是由若干字符组成的字符序列，在C语言中是用字符数组表示和存储的，字符串中的每个字符占一个字节。表示字符串的字符数组就是一个char类型的一维数组，与一般的字符数组没有本质区别，唯一不同的是，字符串实际存储时需要其长度加1个字节，在数组中，字符串有效字符的后面加了一个字符串结束标志'\0'。因此，只要知道字符串在内存中的起始地址，就可以运用指针灵活地对字符串进行处理了。

8.3.1 指针引用字符串

1. 字符串常量

在C语言中，对字符串常量是按照字符数组处理的，在内存中开辟了一个字符数组用来存放该字符串常量。让一个字符型指针指向字符串常量，就是把字符串常量的首地址赋值给该指针变量，然后就可以用该指针对该字符串进行操作了。

【例8-7】 利用字符指针输出字符串常量的指定子串。

分析：既然字符串常量也是用字符数组存储的，那么我们既可以使用下标法，也可以使用指针法对串中的任意字符进行访问。

程序代码如下：

```
#include <stdio.h>
int main()
{
    char *str="I am a boy.";
    char *p;
    int start,end;
    printf("please input two integer between 0 to 10:\n");
    scanf("%d,%d",&start,&end);
    //逐字符输出子串
    for(p=str+start;p<=str+end;p++)
        printf("%c",*p);
    return 0;
}
```

运行结果为

```
please input two integer between 0 to 10:
7,9
boy
original string is : I am a boy.
```

分析运行结果可知，程序首先利用字符串首地址和子串的开始位置计算出要输出子串的起始地址，然后依次输出指针指向的字符，直到整个子串输出结束。在此过程中，读者会感觉字符串常量的操作和定义一个字符数组的操作没有区别。

(1) 程序中定义的str只不过是一个char类型的指针变量，它存储的是字符串“I am a boy.”的首地址，绝不是将字符串整个存入指针变量。

(2) 字符串常量只能读，不能修改。既然叫作字符串常量，其值就不能改变，读者可测

试 *（str＋3）＝'a'，该语句试图修改字符串，运行是通不过的，因为修改常量是不允许的。

2. 字符数组与字符型指针变量

对于程序中定义的字符型数组，由于系统分配给字符数组指定的空间，该控件在程序运行期间是可以为程序任意操作的。

【例 8-8】 利用字符型指针变量访问字符串。

分析：自己定义的字符数组，可以方便地访问数组成员，也可以修改数组元素的值。

程序代码如下：

```
#include <stdio.h>
int main()
{
    char str[15]="I am a boy .";
    char * str1="girl";
    int start,end,i,j=0;
    printf("original string is : %s\n",str);
    printf("replace string is : %s\n",str1);
    printf("please input two integer to finish the task:\n");
    scanf("%d,%d",&start,&end);
    //逐字符输出子串
    for(i=start,j=0;i<=end;i++,j++)
        * (str+i)= * (str1+j);
    printf("\nThe string changed to : %s",str);
    return 0;
}
```

运行结果为

```
original string is : I am a boy .
replace string is : girl
please input two integer to finish the task:
7,10

The string changed to : I am a girl.
```

结果分析：本例先给出原始字符串和要替换的部分，要求读者给出要替换的恰当位置，然后运用指针完成相应的操作，最后输出替换结果。

对于字符串操作，须注意以下两个问题。

(1) 对于字符数组定义的字符串，通过指针操作是可以对其进行修改的，这与字符串常量不同，从这个意义上可以把字符数组“当作”字符串变量。

(2) 赋值问题。对于字符型指针变量，可以在程序中为其赋值，例如 char *p; p＝"I love China!"，这是正确的。其含义是将一个字符串常量的首地址赋值给指针变量 p，即 p 指向字符串常量。而字符数组只能在定义时这样初始化，运行时是不能这样赋值的。例如，char str[]＝"I love China!"，这是正确的，但企图运行中执行 str＝"I love China!"是错误的，因为 str 是数组名，是常量，是不能被重新赋值的。

8.3.2 字符指针作为函数参数

将一个字符串从一个函数传递到另一个函数，逐个字符传递是不现实的，相反，用指针传递就显得十分方便。

【例 8-9】 用指针作函数参数完成字符串连接的任务。

```
#include <stdio.h>
#include <string.h>
int main()
{
    int str_cat(char *p1,char *p2);
    char str1[40]="I love you China!";
    char str2[]="I love you Beijing!";
    //输出原始字符串
    printf("original string is:\n");
    printf(" str1=%s\n",str1);
    printf(" str2=%s\nn",str2);
    //调用自定义函数,完成字符串连接
    str_cat(str1,str2);
    //输出连接后的结果
    printf("concat result is:\n");
    printf(" str1=%s\n",str1);
    printf(" str2=%s\n",str2);
    return 0;
}
int str_cat(char *p1,char *p2)
{
    int i,j;
    i=strlen(p1);
    j=0;
    for(;j<strlen(p2);i++,j++)
        *(p1+i)=*(p2+j);
    *(p1+i)='\0';
}
```

运行结果为

```
original string is:
  str1=I love you China!
  str2=I love you Beijing!
nconcat result is:
  str1=I love you China!I love you Beijing!
  str2=I love you Beijing!
```

结果分析：从运行结果看，str_cat()函数完成了字符串连接的任务，调用 str_cat()前，对应 str1 的输出是“I love you China!”，调用 str_cat()后，对应 str1 的输出是“I love you China! I love you Beijing!”。

本程序中，自定义的 str_cat()函数的形参使用指针类型，主调函数调用时传递的是字符串 str1 的首地址，这样，在被调函数 str_cat()中用指针操作的字符数组就是主调函数定义的字符数组 str1。也就是说，在 str cat()中对 p1 指向字符串的改变会反映到主调函数，这正是我们希望的结果。

8.4 指针与函数

关于用指针作为函数的形参、实参问题已经探讨过了，既然指针变量可以指向单个变量或数组，而且单个变量或数组可以作为形参，那么指针当然也可以作为函数的形参。同样，函数代码段占据内存的一片空间，它也有入口地址，指针也可以指向函数的入口，这就是指向函数的指针。同样，如果需要，函数也可以返回一个指针给主调函数，这就是返回值为指针类型的函数。

8.4.1 指向函数的指针

1. 指向函数的指针的定义

一般形式为

```
函数类型 (*指向函数的指针变量)(函数的参数列表)
```

该定义只是定义了一个指向一类函数的指针变量。指向的函数的类型已经确定，指向的函数的参数列表也确定，只是可以指向符合这两个特征的函数族中的任意一个函数。

2. 指向函数的指针的引用

假如有几个函数的原型如下：

```
int max(int a,int b);
int min(int x,int y);
int marx(int a,int b,int c);
float sum(float m,float n);
```

定义一个指向函数的指针：

```
int (*p)(int ,int);
```

则这个指针变量p只能引用前两个函数，而不能引用后两个函数，因为所声明的指向函数的指针的函数类型一致，而且参数列表匹配。int marx(int a,int b,int c)，这个函数的参数需要3个，与指针指向的函数参数个数不同；而float sum(float m,float n)与所定义的指针所能指向的函数的函数类型不同、参数也不匹配，所以不能指向它们。

指向函数的指针赋值：

```
p=max;
```

注意：C语言中，函数名即函数的入口地址。

用指向函数的指针调用函数：

```
int c;
c=(*p)(3,4);
```

这样，c就得到了3和4中较大的值，并将其赋值给c。

【例8-10】 任意输入两个整数，输出其中较小的数。

```
#include <stdio.h>
int main()
```

```
{
    int min(int,int);
    int (*p)(int,int);
    int x,y,z;
    printf("please input two integer number:");
    scanf("%d,%d",&x,&y);
    p=min;
    z=(*p)(x,y);
    printf("\n min(%d,%d) is : %d",x,y,z);
    return 0;
}
int min(int a,int b)
{
    return (a<b)?a:b;
}
```

运行结果为

```
please input two integer number:5,3
 min(5,3) is : 3
```

从程序运行结果看,调用一个函数,既可以通过函数名调用,也可以通过一个指向该函数的指针调用,结果都是相同的。但使用指针会给程序带来极大的灵活性。

关于指向函数指针的几点说明:

(1) 函数的调用既可以通过函数名调用,也可以通过指向函数的指针调用。

(2) 指向函数的指针变量未被赋值时,不是具体指向某一个函数,而是指向了一个函数族。当该变量被赋值后,就具体指向了该函数。

(3) 给指向函数的指针赋值时只给出函数名,即函数的入口即可。

(4) 用指向函数的指针调用函数有两种形式:一种是用(*p)代替函数名;一种是直接用指针变量代替函数名。这两种形式的作用相同,后者更直观。例8-10中的函数调用语句z=(*p)(x,y)也可写为z=p(x,y)。

(5) 函数的入口只有一个,所以不要对函数的指针变量做++、--运算,这毫无意义。

8.4.2 返回指针值的函数

所谓函数类型,一般指函数返回值的类型。一个函数可以返回一个int型、float型、char型的数据,在C语言中也可以返回一个指针类型的数据,这种返回指针值的函数称为指针型函数。

1. 返回指针值函数的定义

一般形式为

```
函数类型 *函数名(形参列表)
```

例如:

```
int *fun(int x,int y);
```

这里声明了一个返回值为指向整型数据的指针,fun是函数名,x、y是形式参数。

2. 接收返回指针值函数的返回值

既然返回指针值的函数返回的是指针，那么接收该函数的返回值也应使用一个相同类型的指针。

例如：

```
int *p;
p=fun(3,5);
```

这里定义的指针 p 与上面的 fun()函数的返回值类型一致，因此可以用 p 接收函数 fun()的返回值。

【例 8-11】 有一组数据是某个高三班级的高考成绩(已经有序)。现编写一个函数，实现某同学报出名次即可查出其对应的高考总分。

程序代码如下：

```
#include <stdio.h>
int main()
{
    float *findScore(float *p,int n);
    float class1[]={750,705,680,650,600,585,560,524,510,490};
    float *p;
    int n;
    //输入班级的名次
    printf("please input an integer between 1 and 10 : ");
    scanf("%d",&n);
    //调用 findScore()函数找到该学生的成绩在数组中的地址
    p=findScore(class1,n);
    //输出结果
    printf("Your total score is : %.2f",*p);
    return 0;
}
float *findScore(float *p,int n)
{
    return p+n-1;
}
```

运行结果为

```
please input a integer between 1 and 10 : 3
Your total score is : 680.00
```

指向函数的指针定义和返回指针值的函数定义十分相似，务必区分开。

8.5 指针数组和指向指针的指针

一个数组，如果它的每个元素都是指针类型，则称其为指针数组。指针数组的所有元素都是可以指向相同数据类型的指针变量。如果一个指针变量指向的不是数据单元，而是另一个指针变量，就称这个指针变量为指向指针的指针。指向指针的指针访问数据其实质就是间接寻址。

8.5.1 指针数组

1. 指针数组的定义

一般形式为

```
类型名 *数组名[数组长度];
```

例如：

```
int *str[5];
```

这里定义了一个指针数组，数组名为 str，数组共有 5 个元素，每个元素都是一个可以指向整型变量的指针变量。指针数组特别适合于指向若干个字符串，使字符串的处理更加方便、灵活。

2. 指针数组的应用

【例 8-12】 从键盘上任意输入一个 1～7 的整数，分别代表一周中的周几，例如输入 3，就输出“星期三-Wednesday”。

程序代码如下：

```
#include <stdio.h>
int main()
{
    char *weekEnglish[8]={"error","Monday","Tuesday","Wednesday",
                          "Thursday","Friday","Saturday","Sunday"};
    char *weekChina[8]={"错误","星期一","星期二","星期三",
                          "星期四","星期五","星期六","星期日"};
    int n;
    printf("input week No(1~ 7):\n");
    scanf("%d",&n);
    if(n>0&&n<8)
        printf("week No:%d-->%s(%s)\n",n,weekEnglish[n],weekChina[n]);
    else
        printf("%s(%s)!!\n",weekEnglish[0],weekChina[0]);
    return 0;
}
```

运行结果如下：

```
input week No(1~7):
3
week No:3-->Wednesday(星期三)
```

本程序中，weekEnglish 是一个有 8 个元素的指针数组，该数组经过初始化后分别指向字符串"error""Monday""Tuesday""Wednesday""Thursday""Friday""Saturday""Sunday"，这样数组元素的下标与星期几一一对应。同样，weekChina 也是一个有 8 个元素的指针数组，该数组初始化后分别指向字符串"错误""星期一""星期二""星期三""星期四""星期五""星期六""星期日"，这样数组元素的下标与英文一致。当输入的数值为 1～7 时，就输出正确的中英文星期值，当输入错误时，会给出“error(错误)”。

8.5.2　指向指针的指针

1. 指向指针的指针的定义

一般形式为

```
类型名 * * 指针变量名;
```

例如：

```
int * * p2;
```

这里定义了一个指向指针的指针 p，p 可以指向一个指针变量。如果用 p 访问一个具体变量的值，那么需要两次访问存储器，才能取得要访问数据的地址，如图 8-6 所示。第一次访问变量 p2 得到 p1 的地址，记作 * p2；有了 p1 的地址，就可以取得它的值，即 * * p2。

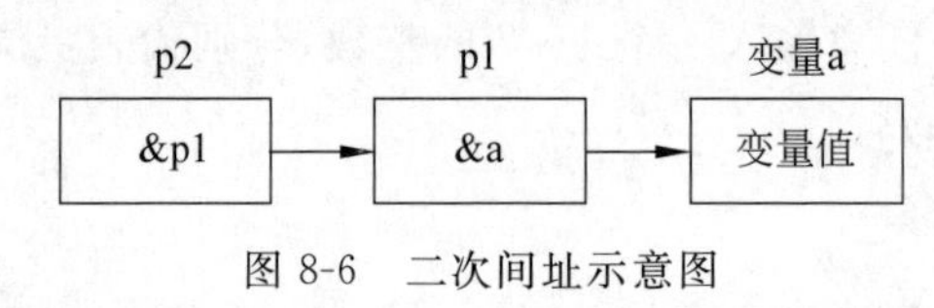

图 8-6　二次间址示意图

2. 指向指针的指针的引用

例如：

```
int a=3;
int * p1=&a;
int * * p2=&p1;
```

此时，如果要通过 p2 访问变量 a 的值，就是 * * p2，即 * * p2 就是 a。

【例 8-13】 现有 8 种动物，请按字典顺序对其进行排序并输出。

分析：如果采用普通的办法，逐个比较之后交换字符串的位置，这个过程会调用字符串复制函数，反复交换会使程序的执行效率大大降低。使用指针数组指向各个动物名称字符串，比较后不实际交换字符串，而是交换每个字符串指针的值，这样大大减轻了程序的负担，程序的执行效率会大大提高。另外，设置一个指向指针数组的指针，即设置指向指针的指针操作指针数组会更加方便。

程序代码如下：

```
#include <stdio.h>
int main()
{
    int selSort(char * * p,int n);
    char * animal[]={"8mouse","5wolf","6dog","3tiger",
                "1elephant","7cat","2lion","4leopard"};
    char * * p;
    int i;
    p=animal;
    //调用 selSort()函数对 animal 数组进行排序
```

```
    selSort(p,8);
   //输出排序结果
    for(i=1;i<=8;i++){
        printf("%-13s",*p);
        p++;
        if(i%4==0) printf("\n");
    }
   return 0;
}
int selSort(char **p,int n)
{
   char *temp;
   int i,j,k;
   for(i=0;i<n-1;i++){
       k=i;
       for(j=i+1;j<n;j++){
           if(strcmp(*(p+k),*(p+j))>0)
               k=j;
       }
       if(k!=i){
           temp=*(p+k);
           *(p+k)=*(p+i);
           *(p+i)=temp;
       }
   }
}
```

运行结果为

```
The sort result is :
1elephant    2lion        3tiger       4leopard
5wolf        6dog         7cat         8mouse
```

程序运行结果分析：主函数调用 selSort()函数进行排序，传递的参数是指针数组的首地址以及字符串的个数。selSort()利用 strcmp()函数对指针数组两个元素指向的字符串进行比较，关键是不实际交换字符串，而是交换指向字符串的指针。在此过程中，读者要理解指针及指针的指针的操作，否则得不到想要的结果。排序前 animal 数组元素依次指向一种动物名字的字符串，排序后 animal[0]指向了字符串"1elephant"、animal[1]指向了字符串"2lion"、…、animal[7]指向了字符串"8mouse"。最后主程序按照数组 animal 的顺序输出其指向的字符串，即按题目要求的排序结果输出。

8.6　指针 C 程序实例

学习了地址和指针的概念、数组的指针、函数的指针、返回指针值的函数以及指针数组和指向指针的指针，本节要做一个关于指针的综合练习。

问题

本程序实现一个对三国10位将领的武力值查询系统。10位将领的武力值存储在计算机中,本程序要完成用户凭自己在系统中的角色查看自己的武力值、查看自己的武力值名次、查看当前系统综合武力值最低分的将领的各项指标、查看当前系统综合武力值最高分的将领的各项指标、查看系统所有将领的名次、查看系统所有将领当前的武力值明细的功能。

分析

根据题意,首先要用户根据自己角色的名字和密码登录系统,如果该用户存在并且密码匹配,就认为有权查询数据,否则给出提示信息,最多3次即退出系统。用户登录系统后可输入选项,进行查询。根据各项查询要求,一旦用户登录成功,系统首先对用户数据按照总分排序,以便后续的各种操作。

程序代码如下:

```
#include <stdio.h>
#include <string.h>
#include <math.h>
//登录系统,验证用户名和密码
int login(char * (* user)[2],int n);
//获取用户输入的选项,并建立目录
char get_choice(int);
//获取用户输入的选项,并剔除错误输入
char get_first(int);
//计算总武力分值
int calTotalScore(float (* power)[5],float * totalScore,int n);
//计算武力排行榜
int calRankList(float * totalScore,int * rankTab,int n);
//显示我的武力值
int myPower(int myCount,char * (* user)[2],float * totalScore);
//显示我的名次
int myRank(int myCount,char * (* user)[2],int * rank);
//显示当前最低分
int currentLowPower(char* (* user)[2],float * totalScore,int * rank);
//显示当前最高分
int currentHighPower(char* (* user)[2],float * totalScore,int * rank);
//显示系统英雄榜
int displayHeroList(char* (* user)[2],float * totalScore,int * rank);
//显示系统数据明细
int displayDetail(char* (* user)[2],float (* power)[5],float * totalScore,int *
rank);
//暂停
int stop();
int count =0;                          //接收用户输入的选项全局变量
int main()
{
    char choice;
```

```
int myCount;
//用户表,包括每个人的姓名和密码
char * user[10][2]={"吕布","lvbu123","关羽","guanyu234",
                    "刘备","liubei234","曹操","caocao345",
    "赵云","zhaoyun234","典韦","dianwei345",
    "马超","machao234","黄忠","huangzhong234",
      "周瑜","zhouyu456","孙权","sunquan456"};
//每个用户的武力值,分别是职务、位置、装备 1、装备 2、装备 3
float powerTab[10][5]={{80,60,80,90,90},{85,70,85,90,90},
                    {95,75,70,65,60},{99,85,67,62,63},
                 {75,75,90,90,85},{80,77,89,88,95},
                  {80,70,85,88,94},{72,70,75,72,90},
                  {85,85,80,81,82},{94,80,65,65,65}};
int rankTab[10]={0};
float totalScore[10]={0};
//登录验证
if((myCount=login(user,10))==-1) return 1;
//计算总武力分值
calTotalScore(powerTab,totalScore,10);
//计算武力值排行榜
calRankList(totalScore,rankTab,10);
//显示系统菜单,输入选项
choice =get_choice();
while(choice !='q')
{
    switch(choice)
    {
        case 'a':
            myPower(myCount,user,totalScore);
            stop();break;
        case 'b':
            myRank(myCount,user,rankTab);
            stop();break;
        case 'c':
            currentLowPower(user,totalScore,rankTab);
            stop();break;
        case 'd':
            currentHighPower(user,totalScore,rankTab);
            stop();break;
        case 'e':
            displayHeroList(user,totalScore,rankTab);
            stop();break;
        case 'f':
        displayDetail(user,powerTab,totalScore,rankTab);
            stop();break;
```

```
            default :
                printf("您输入有误,请重新输入: "); break;
        }
        fflush(stdin);              //用来清空输入缓冲区
        choice =get_choice();
    }
    printf("bye");
    return 0;
}
//登录系统,验证用户名和密码
int login(char * (* user)[2],int n)
{
    char uName[10],pWord[20];
    char * userName=uName, * passWord=pWord;
    int i,j,k,count=0;

    //输入用户名和密码
    while(count<3){
        j=-2,k=-2;
        printf("\nplease input username: ");
        scanf("%s",userName);
        printf("\nplease input password: ");
        scanf("%s",passWord);
        //查询用户是否存在、密码是否正确
        for(i=0;i<10;i++){
            j=strcmp(user[i][0],userName);
            k=strcmp(user[i][1],passWord);
            if(j==0 && k==0)
                break;
        }
        if(i==10){
            system("cls");      //清除屏幕
            printf("your name or password is error!\n");
        }else{
            break;
        }
        count++;
    };
    return (i<10)?i:-1;
}
//获取用户输入的选项,并建立目录
char get_choice(int)
{
    char ch;
    system("cls");                  //清除屏幕
```

```
    printf("\n   ＊＊＊欢迎使用三国武力值查询系统＊＊＊");
    //建立目录
    printf(" \n-----------------------\n");
    printf("  a.我的武力值 \tb.我的名次\n");
    printf("  c.当前最低分 \td.当前最高分\n");
    printf("  e.系统英雄榜 \tf.系统数据明细\n");
    printf("  q.退出");
    printf(" \n-----------------------\n");
    printf(" 请输入你的选项:");
    ch =get_first();
    while(ch ==' ' || ch =='\n' || ch =='\t')
        ch =get_first();
    //判断用户输入的选项是否有误
    while((ch<'a' || ch>'f') && ch !='q')
    {
        putchar(ch);
        printf(" 你输入的选项有误,请重新输入: ");
        ch =get_first();
    }
    return ch;
}
//获取用户输入的选项,并剔除错误输入
char get_first(int)
{
    char ch;
    ch =getchar();
    //剔除由用户输入选项时产生的换行符
    while(ch =='\n')
    {
        ch =getchar();
    }
    return ch;
}
//计算总武力分值
int calTotalScore(float (*power)[5],float *totalScore,int n)
{
    int i,j;
    for(i=0;i<n;i++){
        for(j=0;j<5;j++)
        {
            totalScore[i]+=power[i][j];
            printf("%6.1f",power[i][j]);
        }
        printf("%6.1f\n",totalScore[i]);
    }
```

```
    printf("\n");
}
//计算武力排行榜
int calRankList(float * totalScore,int * rankTab,int n)
{
    int i,j,k;
    float temp,localTS[10];      //localTotalScore
    int flag[10]={0};
    //复制原始总武力分值
    for(i=0;i<n;i++)
        localTS[i]=totalScore[i];
    //对武力值进行排序
    for(i=0;i<n-1;i++){
        k=i;
        for(j=i+1;j<n;j++){
            if(localTS[j]>localTS[k]){
                temp=localTS[j];
                localTS[j]=localTS[k];
                localTS[k]=temp;
            }
        }
    }
    //按顺序存放武力值索引
    for(i=0;i<n;i++){
        for(j=0;j<n;j++){
            if(flag[j]==0 && fabs(localTS[i]-totalScore[j])<1e-3)
{
            rankTab[i]=j;
            flag[j]=1;
        }
        }
    }
    for(i=0;i<n;i++)
      printf("%6d",rankTab[i]);
}
//显示我的武力值
int myPower(int myCount,char * (* user)[2],float * totalScore)
{
    printf("\n %s---%5.1f",user[myCount][0],totalScore[myCount]);
}
//显示我的名次
int myRank(int myCount,char * (* user)[2],int * rank)
{
    printf("\n %s---%5d",user[myCount][0],rank[myCount]);
}
```

```
//显示当前最低分
int currentLowPower(char * (* user)[2],float * totalScore,int * rank)
{
    int i=rank[9];
    printf("\n %s---%6.1f",user[i][0],totalScore[i]);
}
//显示当前最高分
int currentHighPower(char * (* user)[2],float * totalScore,int * rank)
{
    int i=rank[0];
    printf("\n %s---%6.1f",user[i][0],totalScore[i]);
}
//显示系统英雄榜
int displayHeroList(char * (* user)[2],float * totalScore,int * rank)
{
    int i,j,n=10;
    for(i=0;i<n;i++){
        j=rank[i];
        printf("\n%4d---%s---%5.1f\n",i+1,user[j][0],
totalScore[j]);
    }
}

//显示系统数据明细
int displayDetail(char * (* user)[2],float (* power)[5],float
  * totalScore,int * rank)
{
    int i,j,k;
    //打印表头
    printf("\n 名次-->姓名-->职务-位置-装备 1-装备 2-装备 3-->总武力值\n");
    for(i=0;i<10;i++){
        k=rank[i];
        printf("%3d",i+1);
        printf("%8s",user[k][0]);
        for(j=0;j<5;j++)
            printf("%6.1f",power[k][j]);
        printf("%8.1f",totalScore[k]);
        printf("\n");
    }
}
int stop()
{
    getch();
}
```

运行结果如下：

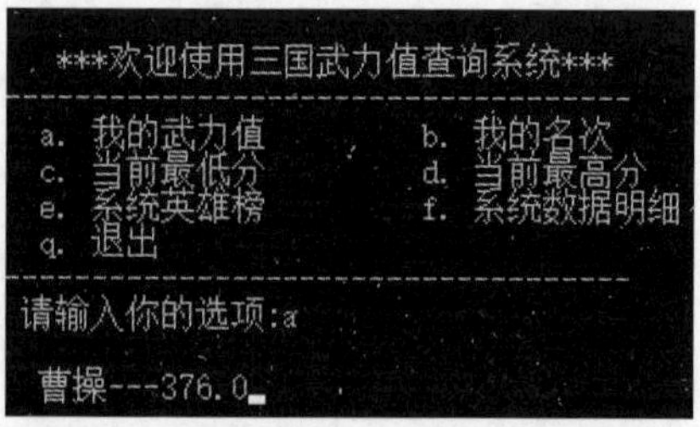

```
***欢迎使用三国武力值查询系统***
--------------------------------------------
a. 我的武力值            b. 我的名次
c. 当前最低分            d. 当前最高分
e. 系统英雄榜            f. 系统数据明细
q. 退出
--------------------------------------------
请输入你的选项:a

曹操---376.0
```

习　　题

1. 下列函数完成将 x 插入下标为 i 的数组 a 的元素前。如果 i 大于或等于元素个数，则 x 插入到数组 a 的末尾。原有元素个数存放在指针 n 所指向的变量中，插入后元素个数加 1，请填空补充完整。

```
int insert(double a[],int * n,double x,int i)
{  int j;
   if ___(1)___
       for (j= * n-1; ___(2)___ ;j--)
___(3)___ =a[j];
   else
    i= * n;
   a[i]= ___(4)___ ;
(* n)++;  }
```

2. 下面的程序功能是删除字符串 str 中数字字符的功能，请填空补充完整。

```
int delete(char * str)
{
    int n=0,i;
    for(i=0;str[i];i++)
        if((1)) str[n++] =str[i];
    str[n] =(2);}
```

3. 下列程序在数组中同时查找最大元素和最小元素的下标，分别放在 main()函数的 max 和 min 变量中，试填空完成该程序的功能。

```
#include <stdio.h>
int find(int * a,int n,int * max,int * min)
{    int i;
* max= * min=0;
for(i=1;i<n;i++){
     if(a[i]>a[ * max]) ___(1)___ ;
     if(a[i]<a[ * min]) ___(2)___ ;
}
}
int main()
```

```
{
    int max,min,a[]={150,13,97,19,36,48,24,71,16,8};
    find((3));
    printf("%d,%d\n",max,min);
    return 0;
}
```

4. 以下函数用来在数组 w 中插入元素 x，w 数组事先已经从小到大有序，n 所指单元存放着原来数组的个数，插入后使数组数据仍然有序，试填空将该函数补充完整。

```
int func(int *w,int x,int *n)
{
    int i,p=0;
    w[*n]=x;
    while(x>w[p])  (1)  ;
    for(i=*n;i>p;i--)
     (2)  ;
    w[p]=x; ++*n;
}
```

5. 编程实现用指针交换两个变量的值。

6. 编写程序，输入一个数字表示月份，输出该月的英文名称以及季度名称，要求用指针数组处理。

7. 使用函数实现字符串复制，输入一个字符串和一个正整数 n，将字符串中从第 m 个字符开始的全部字符复制到另一个字符数组中，并输出结果。要求题目中涉及的形参用指针实现。

8. 输入一个字符串，然后再输入一个指定字符，要求从串中删除出现的所有指定字符，然后输出结果。编写函数，形参用指针实现。

9. 编写函数，实现求给定字符串长度的功能。

10. 输入一行字符，找出其中的大写字母、小写字母、空格、数字以及其他字符各有多少个。

11. 函数输入 5 个字符串，编写一个函数，实现对这组字符串排序的功能，然后由主函数输出排序结果。

12. 一个班级有 5 名学生，每名学生都参加 5 个科目的考试。①求出第一门课程的平均分。②找出有两门以上科目不及格的学生，输出他们的姓名和全部课程成绩及平均分。③找出平均成绩在 90 分以上或全部课程成绩均在 85 分以上的学生。分别编写函数实现。

第 9 章 自定义数据类型和位运算

C 语言的特点之一是提供了丰富的数据类型。前面已经介绍了 C 语言的基本数据类型、数组和指针。数组是一种简单构造数据类型,它把相同类型的若干个变量集合在一起,便于数据处理。结构体和共用体也都是构造数据类型,用途是把不同类型的数据组合成一个整体。本章介绍结构体、共用体和枚举等数据类型的使用方法。

9.1 结构体概述

9.1.1 结构体类型概述

在实际问题中,一组数据往往具有不同的数据类型。例如,在表 9-1 所示的学生信息表中,每一行都反映了一个学生的整体信息,它由各个数据项组成,各数据项的数据类型也不尽相同,学号可为整型或字符型;姓名应为字符型;性别应为字符型;年龄应为整型;成绩可为整型或实型,地址应为字符型。显然,不能用一个数组存放这一组数据,因为数组要求各元素的类型和长度都必须一致,而如果将各项单独定义成一个数组,就难以反映它们的内在联系。

表 9-1 学生信息表

学号	姓名	性别	年龄	成绩
0701	wanghua	F	20	98
0702	lili	F	19	76
0703	liunan	F	19	85
0704	liyong	M	20	80
0705	renqiang	M	20	90

为了解决这个问题,C 语言中提供了另一种构造数据类型——“结构”(structure)或称“结构体”,它允许程序员自己定制需要的类型。结构体类型可以把多个数据项联合起来,作为一个数据整体进行处理,它相当于其他高级语言中的记录。结构体类型是由若干“成员”组成的。每个成员可以是一个基本数据类型或者是一个构造类型。程序员可以根据需要定义不同的结构体类型,因此,和基本类型不同,结构体类型可以有很多种,程序中要使用结构体类型时,必须先定义专门的结构体类型,再用这种结构体类型定义相应的结构体变量,使用变量存储和表示数据。

9.1.2 结构体类型的定义

定义结构体类型的一般形式为

```
struct 结构体名
  {
      成员表列
  };
```

说明：

(1) struct 是关键字，“struct 结构体名”是结构体类型标识符，在类型定义和类型使用时，struct 不能省略。

(2) “结构体名”是用户定义的结构体的名称，在以后定义结构体变量时，使用该名称进行类型标识，它的命名应符合标识符的书写规定。

(3) “成员表列”由若干个成员组成，每个成员都是该结构的一个组成部分。对每个成员也必须作类型说明，其形式为

```
类型标识符 成员名;
```

成员名的命名应符合标识符的书写规定。

(4) 结构体名称可以省略，此时定义的结构体称为无名结构体。

(5) 结构体成员名允许和程序中的其他变量同名，二者不会混淆。

(6) 整个定义作为一个完整的语句用分号结束。

下面是对学生信息表的数据定义的结构体类型：

```
struct student
{
    int num;
    char name[20];
    char sex;
    int age;
    int score;
};
```

在这个结构体类型定义中，结构体名为 student，该结构体由 5 个成员组成。第一个成员为 num，整型变量；第二个成员为 name，字符数组；第三个成员为 sex，字符变量；第四个成员为 age，整型变量；第五个成员为 score，整型变量。注意，括号后的分号不可少。结构体类型一旦定义之后，在程序中就可以和系统提供的其他数据类型一样使用了。

结构体成员的数据类型既可以是简单的数据类型，也可以是结构体类型，如：

```
struct date
    {  int month;
       int day;
       int year;
};
struct stu
```

```
    {   int num;
        char name[20];
        char sex;
        int age;
        struct date birthday;
};
```

首先定义一个结构体类型 date，由 month(月)、day(日)、year(年)3 个成员组成。定义结构体 stu 时，其中的成员 birthday 被说明为 date 结构体类型，由此定义的 stu 结构体如图 9-1 所示。

num	name	sex	age	birthday		
				month	day	year

图 9-1　stu 结构体

在程序编译时，结构体类型的定义并不会使系统为该结构体中的成员分配内存空间，只有在定义结构体变量时才分配内存空间。

9.2　结构体变量

9.2.1　结构体变量的声明

结构体类型的定义只说明了它的组成，要使用该结构体，还必须定义结构体类型的变量。在程序中，结构体类型的定义要先于结构体变量的定义。定义结构体变量有以下 3 种方法。

1. 先定义结构体类型，再定义结构体变量

定义的一般形式为

```
struct 结构体类型名
{
成员表列
};
struct 结构体类型名 变量名表列;
```

如：

```
struct stu
    {   int num;
        char name[20];
        float score;
    };
   struct stu stu1,stu2;
```

定义了两个变量 stu1 和 stu2 为 stu 结构体类型。也可以用宏定义使一个符号常量表示一个结构体类型。例如：

```
#define STU struct stu
STU
   {  int num;
      char name[20];
      float score;
   };
STU stu1,stu2;
```

定义了结构体类型后，可以看出定义结构体变量类似于定义一个 int 型变量，系统为所定义的结构体变量按照结构体定义时的组成，分配存储数据的实际内存单元。结构体变量的成员在内存中占用连续存储区域，所占内存大小为结构体中每个成员的长度之和。上面定义的结构体变量 stu1、stu2 在内存中占用的空间为 2＋20＋1＋4＝27B。

一个结构体变量占用内存的实际大小可以使用 sizeof 运算求出。sizeof 是单目运算符，其功能是求运算对象所占内存空间的字节数目。使用 sizeof 运算可以很方便地求出程序中不同类型和变量的存储长度。sizeof 使用的一般格式为

```
sizeof(变量或类型说明符)
```

如：sizeof(struct stu)或 sizeof(stu1)的结果为 27，sizeof(int)的结果为 2。

2. 在定义结构体类型的同时说明结构体变量

定义的一般形式为

```
struct 结构体类型名
{
    成员表列
}变量名表列;
```

例如：

```
struct stu
{
    int num;
    char name[20];
    float score;
} stu1,stu2;
```

3. 省略结构体类型名，直接定义结构体变量

定义的一般形式为

```
struct
{
    成员表列
}变量名表列;
```

例如：

```
struct
{   int num;
```

```
    char name[20];
    float score;
} stu1,stu2;
```


第3种方法与第2种方法的区别在于第3种方法中省去了结构体名，而直接给出结构体变量。

9.2.2 结构体的使用

1. 结构体变量成员的表示方法

在程序中使用结构体变量时，往往不把它作为一个整体使用。在ANSI C中除了允许具有相同类型的结构体变量相互赋值外，一般对结构体变量的使用，包括赋值、输入、输出、运算等，都是通过结构体变量的成员实现的。

引用结构体变量成员的一般形式为

```
结构体变量名.成员名
```

"."是结构体成员运算符，优先级为1级，结合方向为从左到右。

例如：

```
stu1.num                        /* stu1变量的num成员 */
stu2.score                      /* stu2变量的score成员 */
```

如果成员本身又是一个结构体，则必须逐级找到最低级的成员才能使用。

例如：

```
stu1.birthday.month
```

结构体中的成员可以在程序中单独使用，与普通变量的用法完全相同。

2. 结构体变量的赋值

结构体变量的赋值就是给各成员赋值，可用输入语句或赋值语句完成。

【例9-1】 给结构体变量赋值并输出其值。

程序代码如下：

```
#include<stdio.h>
struct stu
{
    int num;
    char name[20];
    int score;
}stu1,stu2;
int main ()
{
    scanf("%d%s%d",&stu1.num, stu1.name,&stu1.score);
    stu2=stu1;
    printf("Num=%4d Name=%s Score=%d\n",stu1.num,stu1.name,stu1.score);
    printf("Num=%4d Name=%s Score=%d\n",stu2.num,stu2.name,stu2.score);
```

```
}
```

运行结果为

```
101 lili
80
Num=101 Name=lili Score=80
Num=101 Name=lili Score=80
```

说明：

(1) 对结构体变量进行输入输出时，只能以成员引用的方式进行，不能对结构体变量进行整体的输入输出。

(2) 与其他变量一样，结构体变量成员可以进行各种运算。

(3) 结构体变量作为整体赋值时，必须是赋给同类型的结构体变量，语句 stu2＝stu1；相当于以下3条赋值语句：

```
stu2.num=stu1.num;
strcpy(stu2.name,stu1.name);
stu2.score=stu1.score;
```

3. 结构体变量的初始化

和其他类型变量一样，对结构体变量可以在定义时进行初始化赋值。

```
struct stu
{
    int num;
    char name[20];
    char sex;
    int score;
}stu1={102,"liyong",'M',80};
```

说明：初始化的数据必须符合相应成员的数据类型，同时用逗号分隔并保证顺序、个数上必须一致。

9.3 结构体与数组

一个结构体变量只能存放一个对象(如一个学生)的一组数据。若要存放一个班或更多的信息，则不可能定义很多单个的结构体变量。人们自然要想到使用数组。C语言允许使用结构体数组，即数组中的每个元素都是结构体类型。

9.3.1 结构体数组的声明

定义结构体数组的方法与定义结构体变量的方法类似，只要多用一对方括号以说明它是一个数组，因此结构体数组的定义也有3种方法。

(1) 先定义结构体类型，再定义结构体数组。

(2) 在定义结构类型的同时说明结构体数组。

(3) 省略结构体类型名,直接定义结构体数组。

方法(1)的例子如下:

```
struct stu
{
    int num;
    char name[20];
    float score;
};
struct stu stud[10];
```

3种方法定义的效果相同,第一种方法中定义了一个结构体数组 stud,该数组共有10个元素,stud[0]～stud[9],每个数组元素都是 struct stu 的结构体类型,且每个数组元素所占的内存空间仍为26B,则整个数组 stud 占用内存空间为连续的260B。

9.3.2 结构体数组的初始化

定义结构体数组的同时,可以给结构体数组赋值,这就叫结构体数组的初始化。

例如:

```
struct stu
{
    int num;
    char name[20];
    char sex;
    float score;
}stud[5]={{101,"Li bing",'M',80}, {102,"Huang gang",'M',90},{103,"Li li",'F',69},
          {104,"Chang hong",'F',45},{105,"Wang ming",'M',85} };
```

说明:

(1) 当对全部元素作初始化赋值时,也可不给出数组长度。

(2) 该结构体成员 name 是指针类型,用来表示姓名字符串。

(3) 结构体初始化的一般形式是在定义结构体数组的后面加上"={初值表列};"。

9.3.3 结构体数组的使用

一个结构体数组的元素相当于一个结构体变量,因此,前面介绍的关于引用结构体变量的规则也适用于结构体数组的元素。

【例 9-2】 计算5个学生的总成绩和平均成绩,并统计成绩不及格的人数。

程序代码如下:

```
#include <stdio.h>
struct stu
{
    int num;
    char * name;
    char sex;
```

```
    float score;
}stud[5]={{101,"Li bing",'M',80}, {102,"Huang gang",'M',90},
    {103,"Li li",'F',69}, {104,"Chang hong",'F',45},{105,"Wang ming",'M',85}};
int main()
{
    int i,c=0;
    float ave,s=0;
    for(i=0;i<5;i++)
    {
        s+=stud[i].score;
        if(stud[i].score<60) c++;
    }
    printf("s=%f\n",s);
    ave=s/5;
    printf("average=%f\ncount=%d\n",ave,c);
}
```

运行结果为

```
s=369.000000
average=73.800003
count=1
```

说明：该程序中定义了一个全局结构体数组变量 stud，共 5 个元素，并作了初始化赋值。在 main()函数中用 for 语句逐个累加各元素的 score 成员值存于 s 中，若 score 的值小于 60(不及格)，即计数 c 加 1，循环完毕后计算平均成绩，并输出全班总分、平均分及不及格人数。

【例 9-3】 对 5 个学生的成绩进行降序排序，并输出。

程序代码如下：

```
#include<stdio.h>
#define N 5
struct stu
{
    int num;
    char name[20];
    int score;
}stud[5];
int main()
{
    int i,j;
    struct stu t;
    for(i=0;i<N;i++)
    {
        scanf("%d",&stud[i].num);
        gets(stud[i].name);
```

```
            scanf("%d",&stud[i].score);
        }
    for(i=0;i<N-1;i++)
        for(j=i+1;j<N;j++)
          if(stud[i].score<stud[j].score)
            {
                t=stud[i];
                stud[i]=stud[j];
                stud[j]=t;
            }
        for(i=0;i<N;i++)
        {
            printf("Num=%-4dName=%-20sScore=%d",stud[i].num,stud[i].name,stud[i].
            score);
        printf("\n");
        }
    }
```

说明：该程序中定义了一个全局结构体数组变量 stud，共 5 个元素。在 main()函数中用顺序排序法对学生成绩进行降序排序。注意，在排序过程中若出现信息交换时，中间变量 t 的类型必须是 struct stu 结构体类型，交换的是一个学生的姓名、成绩等所有数据。

9.4 结构体与指针

9.4.1 指向结构体的指针

一个指针变量当指向一个结构体变量时，称为结构体指针变量。结构体指针变量中的值是所指向的结构体变量的首地址。通过结构体指针即可访问该结构体变量。

结构体指针变量定义的一般形式为

```
struct 结构体类型名 *结构体指针变量名
```

例如，前面定义了 stu 这个结构体，如要说明一个指向 stu 的指针变量 pstu，可写为

```
struct stu *pstu;
struct stu stu1;
```

当然，也可在定义 stu 结构体类型时同时定义结构体指针变量 pstu。与前面讨论的各类指针变量相同，结构体指针变量也必须先赋值，后使用。赋值是把结构体变量的首地址赋予该指针变量，不能把结构体名赋予该指针变量。如果 stu1 是被定义为 stu 类型的结构体变量，则：

```
pstu=&stu1
```

是正确的，而：

```
pstu=&stu
```

是错误的。

结构体类型名和结构体变量是两个不同的概念，不能混淆。结构体类型名只能表示一个结构体形式，编译系统并不对它分配内存空间。只有当某变量被说明为这种类型的结构体时，才对该变量分配存储空间。因此，&stu 这种写法是错误的，不可能取一个结构体名的首地址。有了结构体指针变量，就能更方便地访问结构体变量的各个成员。

用结构体指针访问结构体成员的一般形式为

```
结构体类型指针变量->成员名
```

或为

```
(*结构体指针变量).成员名
```

例如：

```
(*pstu).num
```

或者：

```
pstu->num
```

注意(*pstu)两侧的括号不可少，因为成员符“.”的优先级高于“*”。如去掉括号写作*pstu.num，则等效于*(pstu.num)，这样就不对了。

下面通过例子来说明结构指针变量的具体说明和使用方法。

【例 9-4】 结构体指针变量的使用。

程序代码如下：

```
#include <stdio.h>
struct stu
{
    int num;
    char name[20];
    int score;
} stud={101,"Liu gang",76}, *pstu;
int main()
{
    pstu=&stud;
    printf("Num=%4d Name=%s Score=%d\n",stud.num,stud.name,stud.score);
    printf("Num=%4d Name=%s Score=%d\n", (*pstu).num, (*pstu).name, (*pstu).
    score);
    printf("Num=%4d Name=%s Score=%d\n", pstu->num, pstu->name, pstu->score);
}
```

运行结果为

```
Num=101 Name=Liu gang Score=76
Num=101 Name=Liu gang Score=76
Num=101 Name=Liu gang Score=76
```

说明：该程序定义了一个结构体类型 stu 和该结构体类型的结构变量 stud，并对变量 stu 作了初始化赋值，同时定义了一个指向该结构体类型的指针变量 pstu。在 main()函数中，pstu 被赋予 stud 的地址，因此 pstu 指向 stud。然后在 printf 语句内用 3 种形式输出 stud 的各个成员值。

至此，对结构体成员的引用方法有以下 3 种。

```
(1) 结构体变量.成员名
(2) (*结构体指针变量).成员名
(3) 结构体指针变量->成员名
```

使用这 3 种引用方法表示结构成员完全等效。

例如：

```
struct stu
{
    int num;
    char name[20];
    float score;
} stud, *p;
p=&stud;
```

则引用结构体成员 num 有以下 3 种方法。

```
(1) stud.num
(2) (*p).num
(3) p->num
```

其中"."和"->"的运算符优先级最高，是一级。

注意以下操作的区别：

++p->num：将 p 所指向结构体变量的成员 num 加 1 后再使用。

(++p)->num：先使 p 自增 1(也就是指向下一个单元)，然后再使用成员 num 的值。

这两种操作方法有本质的区别，前者使 p 所指向的单元中成员 num 的值发生了变化，但指针变量所指向的单元没有变化；后者指向下一个单元，它常用在结构体数组操作中。

9.4.2 结构体数组与指针

指针变量可以指向一个结构体数组，这时结构体指针变量的值是整个结构体数组的首地址。结构体指针变量也可指向结构体数组的一个元素，这时结构体指针变量的值是该结构体数组元素的首地址。

设 p 为指向结构体数组的指针变量，则 p 指向该结构体数组的第 0 号元素，p+1 指向数组的第 1 号元素，p+i 则指向数组的第 i 号元素。这与指针变量指向普通数组的情况是一致的。

【例 9-5】 用指针变量输出结构体数组。

程序代码如下：

```
#include <stdio.h>
```

```
struct stu
{
    int num;
    char name[20];
    char sex;
    int score;
}stud[5]={{101,"Li bing",'M',80}, {102,"Huang gang",'M',90},
    {103,"Li li",'F',69}, {104,"Chang hong",'F',45},{105,"Wang ming",'M',85}};
int main()
{
    struct stu *p;
    printf("Num Name Sex Score:\n");
    for(p=stud;p<stud+5;p++)
        printf("%4d %10s %c %4d\n",p->num,p->name,p->sex,p->score);
}
```

运行结果为

```
Num  Name        Sex  Score:
101  Li bing      M     80
102  Huang gang   M     90
103  Li li        F     69
104  Chang hong   F     45
105  Wang ming    M     85
```

说明：程序中定义了 stu 结构体类型的全局数组 stud 并做了初始化赋值。在 main() 函数内定义 p 为指向 stu 类型的指针。在循环语句 for 的表达式 1 中，p 被赋予 stud 的首地址，然后循环 5 次，输出 stud 数组中各成员的值。

应该注意的是，一个结构体指针变量虽然可以用来访问结构体变量或结构体数组元素的成员，但是不能使它指向一个成员，也就是说，不允许取一个成员的地址赋予它。因此下面的赋值是错误的。

```
p=&stud[0].sex;
```

只能是：

```
p=stud;                    /*赋予数组首地址*/
```

或者是：

```
p=&stud[1];                /*赋予数组1号元素首地址*/
```

9.4.3 结构体指针变量作函数参数

在 ANSI C 标准中允许用结构体变量作函数参数进行整体传送。但是，这种传送要将全部成员逐个传送，特别是成员为数组时将会使传送的时间和空间开销很大，严重降低了程序的效率。因此，最好的办法是使用指针，即用指针变量作函数参数进行传送。这时由实参传向形参的只是地址，从而减少了时间和空间的开销。

【例 9-6】 用结构体指针作函数参数对 5 个学生的成绩进行降序排序并输出。

程序代码如下：

```
#include<stdio.h>
#define N 5
struct stu
{
    int num;
    char name[20];
    int score;
}stud[5];
int main()
{
    int sort(struct stu *p,int n);
    int i;
    for(i=0;i<N;i++)
    {
        scanf("%d",&stud[i].num);
        gets(stud[i].name);
        scanf("%d",&stud[i].score);
    }
    sort(stud,N);
    for(i=0;i<N;i++)
    {
         printf ("Num=%4dName=%s Score=%d",stud[i].num,stud[i].name,stud[i].
         score);
        printf("\n");
    }
}
int sort(struct stu *p,int n)
{
    int i,j;
    struct stu t;
    for(i=0;i<n-1;i++)
        for(j=i+1;j<n;j++)
            if(p[i].score<p[j].score)
            {
                t=p[i];
                p[i]=p[j];
                p[j]=t;
            }
}
```

程序运行结果同例 9-5。

说明：该程序中定义了一个全局结构体数组变量 stud，共 5 个元素。在 main()函数中调用 sort()函数完成对学生成绩进行降序排序，由于实参为 stud 结构体数组首地址，因此形参用指向同类型的结构体指针变量 p 接收，用 p 代替 stud 数组进行排序。注意，在排序过程中出现变量交换时，中间变量 t 的类型必须是 struct stu 结构体类型。

9.5 结构体与链表

9.5.1 链表的概念

我们知道，若要把 100 个整数存储起来，应该用数组完成，只要定义一个长度是 100 的整型数组，就能方便地解决数据存储问题。但是，若要求存储一大批整数，而并不知道它的确切个数，再使用数组存储就不那么方便了，因为很难为数组说明一个合适的长度，既不浪费存储空间，又能够把数据存储起来。显然，数组这样固定长度的数据结构，并不适合对大量未知个数的数据的存储，它必然会因定义数组长度过大，造成存储空间的大量浪费，要么说明数组长度不够，使得预先分配的空间不足，也就是说，很难达到正好。显然，这个时候就需要动态分配存储空间，有一个数据分配一个相应的存储空间，既避免了空间的浪费，又避免了空间的不足。链表就是解决这个问题的有效方法。

链表是一种非固定长度的数据结构，是动态存储技术，它能够根据数据的结构特点和数量使用内存，尤其适合数据个数可变的数据存储。

使用链表存储数据的原理与数组不同，它不需要事先说明要存储的数据数量，系统也不会提前为它准备连续的存储空间，而是当需要存储数据时，通过动态内存分配函数向系统获取一定数量的内存，用于数据存储。需要多少，就申请多少，系统就分配多少，不用时，就将占用的内存释放。

若要用链表存储表 9-1 的学生信息，可用如下描述。

(1) 申请一段内存 M，并把它分成两部分：一部分为数据区，用于存储数据；另一部分为地址区，用于存储下一次申请到的内存段的首地址。

(2) 将一个学生的数据存储在 M 的数据区中。

(3) 若当前是第一个数据，则将 M 的首地址保存在指针变量 head 中；否则将 M 的首地址保存在上一个数据内存段的地址区。

(4) 重复(1)、(2)、(3)，直到所有数据都存储完成后，在最后一段内存的地址区位置存储一个结束标志。产生的链表如图 9-2 所示。

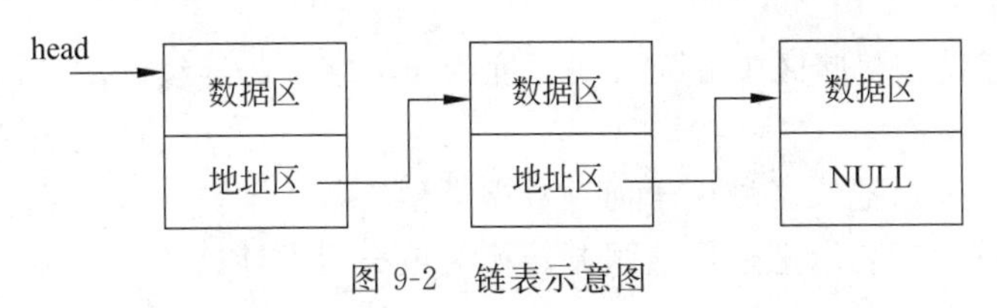

图 9-2　链表示意图

构成链表的每个独立的内存段称为链表的结点，结点中存储数据的部分称为结点数据域，存储下一个结点地址的部分称为结点指针域，指向第一个结点的指针称为链表的头指针。在单向链表中，要找到一个结点，必须首先找到它的上一个结点。然后根据它提供的下一个结点地址，才能找到下一个结点。如果链表不提供头指针，那么链表的任何一个结点都将无法访问。

链表解决了用数组无法存储不确定数据的问题，同时，链表还有另外的优点。例如，当需要在存储数据中插入一个数据时，仅在链表的适当位置插入一个结点即可；当需要删除一个数据时，只把对应的结点从链表中删除即可。而用数组存储时，不管插入数据，还是删除数据，都需要进行大量的元素移动。但链表也有自己的缺点，其访问元素没有数组方便。链表的各个结点是不连续的，必须通过链表的头结点才能访问元素，它往往包含一个沿着指针链查找结点的过程。而访问数组元素则十分方便，只通过元素下标就能立即访问指定的元素。

9.5.2 动态分配内存

C语言提供了一些内存管理函数，这些内存管理函数可以按需要动态地分配内存空间，也可把不再使用的空间回收待用，为有效地利用内存资源提供了手段。

常用的内存管理函数有以下3个。

1. 分配内存空间函数 malloc()

调用形式：

```
(类型标识符 * )malloc(size)
```

功能：在内存的动态存储区中分配一块长度为size字节的连续区域。函数的返回值为该区域的首地址。

“类型标识符”表示把该区域用于何种数据类型。

“(类型标识符 *)”表示把返回值强制转换为该类型指针。

size是一个无符号数。

例如：

```
pc=(char * )malloc(100);
```

表示分配100B的内存空间，并强制转换为字符指针类型，函数的返回值为指向该空间首地址的指针，把该指针赋予指针变量pc。

2. 分配内存空间函数 calloc()

调用形式：

```
(类型标识符 * )calloc(n,size)
```

功能：在内存动态存储区中分配n块长度为size字节的连续区域。函数的返回值为该区域的首地址。

“类型标识符”表示把该区域用于何种数据类型。

“(类型标识符 *)”表示把返回值强制转换为该类型指针。

size是一个无符号数。

calloc()函数与malloc()函数的区别仅在于一次可以分配n块区域。

例如：

```
ps=(struct stu * )calloc(2,sizeof(struct stu));
```

其中的sizeof(struct stu)是求stu的结构长度。因此，该语句的意思是：分配2个stu

长度的空间连续区域，强制转换为 stu 类型，并把其首地址赋予指针变量 ps。

3. 释放内存空间函数 free()

调用形式：

```
free(ptr);
```

功能：释放 ptr 指向的一块内存空间，ptr 是一个任意类型的指针变量，指向被释放区域的首地址。被释放区应是由 malloc()或 calloc()函数所分配的区域。

例如：

```
free(ps);
```

释放 ps 指向的内存区域，该函数无返回值。

【例 9-7】 分配一块区域，输入一个学生数据。

程序代码如下：

```
#include <stdio.h>
#include "stdlib.h"
int main()
{
    struct stu
    {
        int num;
        char * name;
        char sex;
        float score;
    } * ps;
    ps=(struct stu *)malloc(sizeof(struct stu));
    ps->num=102;
    ps->name="Huang bin";
    ps->sex='M';
    ps->score=62.5;
    printf("Number=%d\nName=%s\n",ps->num,ps->name);
    printf("Sex=%c\nScore=%f\n",ps->sex,ps->score);
    free(ps);
}
```

运行结果为

```
Number=102
Name=Huang bin
Sex=M
Score=62.500000
```

说明：该例中首先定义了结构体类型 stu 和 stu 类型指针变量 ps，然后分配一块 stu 内存区，并把首地址赋予 ps，使 ps 指向该区域。接着以 ps 为指向结构体的指针变量对各成员赋值，并用 printf()输出各成员值。最后用 free()函数释放 ps 指向的内存空间。整个程序包含申请内存空间、使用内存空间、释放内存空间 3 个步骤，实现存储空间的动态分配。

9.5.3 用结构体实现链表

链表的结点是一个结构体类型，它至少拥有一个指针类型的成员，该成员用于指向链表中的其他结点，它的指针类型就是链表中结点的数据类型。因此，要定义一个链表结点的结构，需要包括两方面的信息：一方面定义数据存储对应的各个成员；另一方面定义指向其他结点的指针成员。

例如，一个存放学生学号和成绩的结点应为以下结构：

```
struct stu
{
    int num;
    int score;
    struct stu * next;
};
```

前两个成员项为数据域，后一个成员项 next 为指针域，它是一个指向 stu 类型结构体的指针变量，通过 next 指针，使结点一个个被连接起来，形成链表。

下面是在 C 语言中生成一个链表结点的一般过程。

(1) 向系统申请一个内存段，其大小由结点的数据类型决定。对于 struct stu 类型的结点，大小为 sizeof(struct stu)。可以用 malloc()和 calloc()实现申请动态内存的操作，这两个函数的返回值是获得内存段的首地址。

(2) 指定内存段的数据类型。由于动态内存分配函数只负责为程序分配指定大小的内存空间，并不规定这段内存存储数据的类型，因此，使用时要为这个内存空间指定数据类型，并使用一个与结点类型一致的指针变量指向它。如：

```
p=(结点数据类型 * )malloc(sizeof(结点数据类型));
```

(3) 为申请的结点添加数据。这个过程就是为结构体变量的各个成员赋值。对指针域成员赋值的目的是使一个独立的结点连接到链表上。

9.5.4 链表的基本操作

链表的操作有很多种，最基本的操作是建立链表，在链表中插入结点、删除结点、查找结点等，这里主要介绍单向链表，用来对学生信息进行操作。

1. 链表的建立

链表结点的结构体类型如下。

```
#define STUDENT struct student
STUDENT
{
    long int num;
    float score;
    STUDENT * next;
};
#define LEN sizeof(STUDENT)
#define NULL 0
```

```
int n=0;
```

建立链表的过程就是把一个个结点插入链表的过程。其操作的主要部分为:申请一个结点的存储空间并输入数据,将该结点接到原链表的尾部,该过程重复进行,直到输入学号为0时为止。

【例 9-8】 写出建立链表的函数。

```
STUDENT * creat()
{
    STUDENT * head, * end, * p1;
    long inum;
    float fscore;
    printf("input date format(ld~ f):\n");
    scanf("%ld%f",&inum,&fscore);
    head=NULL;
    while(inum!=0)
    {
        n=n+1;
        p1=(STUDENT *)malloc(LEN);                  /* 申请结构体类型的存储空间 */
        p1->num=inum;p1->score=fscore; p1->next=NULL;
        if(n==1) {head=p1;end=p1;}                  /* 如果是第一个结点,就是头结点 */
        else {end->next=p1; end=p1;}                /* 将新结点接到原链表的后面 */
        scanf("%ld%f",&inum,&fscore);               /* 输入下一个结点的数据 */
    }
    return(head);
}
```

说明:creat()函数用于建立一个学生信息的链表,是一个指针函数,它返回的指针指向STUDENT结构体。在creat()函数内定义了3个STUDENT结构的指针变量。head为头指针,p1为指向新分配结点的指针变量。end为两相邻结点的后一结点的指针变量。在while语句内,用malloc()函数建立长度与STUDENT长度相等的空间作为一结点,首地址赋予p1,然后输入结点数据。如果当前结点为第一结点(n==1),则把p1值(该结点指针)赋予head和end。如非第一结点,则把p1值赋予end所指结点的指针域成员next,再把p1值赋予end为下一次循环准备。当输入的学号为0时,链表建立结束。

2. 链表的输出

链表的输出比较简单,只要将链表中各结点的数据依次输出即可。输出链表时,必须知道链表头的地址,直到输出链表尾结束。

【例 9-9】 写出输出链表的函数print()。

函数如下:

```
int print(STUDENT * head)
{
    STUDENT * p;
    printf("\nNow These %d records are:\n",n);  /* 输出n为建立的结点数目 */
    p=head;
```

```
    while(p!=NULL)
    {
        printf("%8ld %5.1f\n",p->num,p->score);
        p=p->next;                              /*指向下一个结点*/
    }
}
```

关于链表结点的插入和结点的删除,在此不做详细介绍,如读者有兴趣,可以自行深入学习。

说明:链表是比较深入的内容,对初学者有一定难度,非计算机专业的初学者对此有一定了解即可。

9.6 共 用 体

9.6.1 共用体概述

共用体是 C 语言中一种特殊的数据类型,它是多个成员的组合体,但与结构体不同,共用体的成员被分配在同一段内存空间中,它们的开始地址相同,使得同一段内存由不同的变量共享。共享使用这段内存的变量既可以具有相同的数据类型,也可以具有不同的数据类型。例如,可以使整型变量 i,字符型变量 c,浮点型变量 f 共同使用从某一地址开始的同一段内存单元,如图 9-3 所示,i、c 和 f 3 个变量都使用起始地址是 1000 的一段内存,i 使用 1000、1001 两个内存单元;c 使用 1000 这个内存单元;f 使用 1000~1003 这 4 个内存单元。

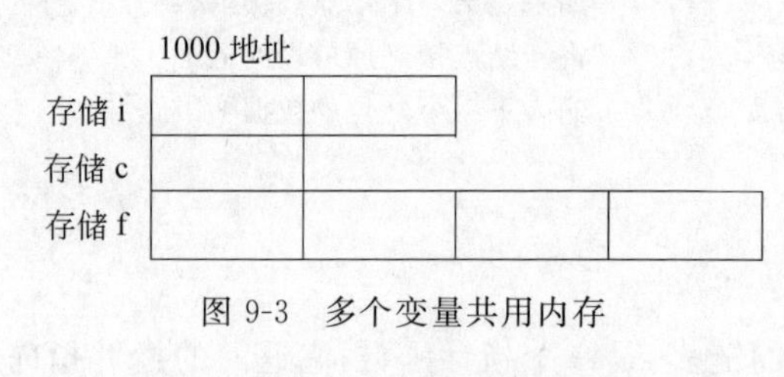

图 9-3 多个变量共用内存

将这种多个变量共用同一段内存的结构称为"共用体"类型的结构。共用体类型属于构造类型,它需要用 union 关键字按照一定的格式进行定义,然后才能作为数据类型在程序中使用。

9.6.2 共用体类型的定义

共用体类型定义的一般形式如下:

```
union 共用体名
{
    成员列表
};
```

其中,union 为关键字,成员表中含有若干成员,成员的一般形式如下:

```
类型标识符 成员名
```

成员名的命名应符合标识符的规定。

例如:

```
union data
{
    int i;
    char c;
    float f;
};
```

定义了一个名为 data 的共用体类型，它含有 3 个成员：一个为整型，成员名为 i；一个为字符型，成员名为 c；另一个为 float 型，成员名为 f。定义共用体类型之后，即可用来定义共用体变量。

9.6.3 共用体变量的声明

1. 共用体变量的定义

共用体变量的定义和结构体变量的定义方式类似，也有 3 种形式。

(1) 先定义共用体类型，再定义共用体变量。

该方式定义了共用体类型，并使用类型定义共用体类型的变量。

(2) 共用体类型与共用体变量同时定义。

该方式在定义共用体类型的同时定义共用体类型的变量。

(3) 直接定义共用体变量。

该方式在定义共用体类型的同时定义共用体类型的变量，省略共用体类型名。

2. 结构体与共用体的区别

共用体类型和共用体变量的定义在形式上与结构体的定义十分相似，但本质上却有很大的区别，请读者注意结构体与共用体的区别。

(1) 结构体说明的是一个组合型的数据，多个不同的数据项可以作为一个数据整体对待；而共用体说明的是内存的一种共享机制，多个不同的变量可以使用同一段内存空间。

(2) 结构体中的各个成员有不同的地址，所占内存长度等于全部成员所占内存长度之和；而共用体中的各成员有相同的地址，所占内存长度等于最长成员所占内存的长度。

由于共用体中的各个成员使用共同的存储区域，所以共用体中的空间在某时刻只能保持某一成员的数据，即向其中一个成员赋值时，共用体中其他成员的值也会随着发生改变。

9.6.4 共用体的使用

共用体是对多个变量共享同一段内存，因此单独使用共用体变量时，没有任何意义，只能通过引用共用体的成员使用共用体变量。

共用体变量的成员引用方式如下：

```
共用体变量名.成员名
```

例如，d1 被说明为 data 类型的变量之后，可使用 d1.i、d1.c 和 d1.f 成员，不允许只用共用体变量名作赋值或其他操作，也不允许对共用体变量作初始化赋值，赋值只能在程序中进行。还要再强调说明的是，一个共用体变量每次只能赋予一个成员值。换句话说，一个共用体变量的值就是共用体变量的某一个成员值。

【例 9-10】 分析以下程序的执行结果。

```
#include <stdio.h>
union date
{
    int i;
    char c;
    char s[2];
}d;
int main()
{
    d.i=0x4130;
    printf("d.i=%x\n",d.i);
    printf("d.c=%x\n",d.c);
    printf("d.s[0]=%x\n",d.s[0]);
    printf("d.s[1]=%x\n",d.s[1]);
}
```

运行结果为

```
d.i=4130
d.c=30
d.s[0]=30
d.s[1]=41
```

分析：在共用体变量 d 中，成员 i、c 和 s[2]共享同一段内存，如图 9-4 所示。变量 d 的长度为 2。图 9-4 为执行赋值语句“d.i=0x4130;”后的内存使用情况。

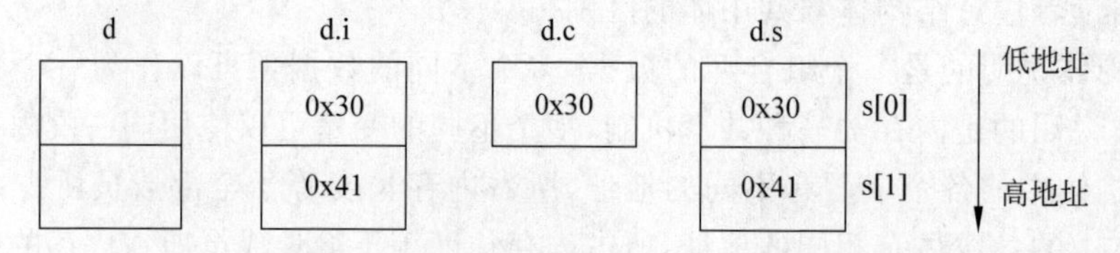

图 9-4　共用体变量 d 占用内存情况

9.7　枚举类型数据

9.7.1　枚举类型的定义

在实际问题中，有些变量的取值被限定在一个有限的范围内。例如，一个星期内只有七天，一年只有十二个月，一个班每周有六门课程等。如果把这些量说明为整型、字符型或其他类型，显然是不妥当的。为此，C 语言提供了一种称为“枚举”的类型。在“枚举”类型的定义中列举出所有可能的取值。应该说明的是，枚举类型是一种基本数据类型，而不是一种构造类型，因为它不能再分解为任何基本类型。

枚举类型定义的一般形式如下：

```
enum 枚举名 {枚举值表};
```

enum 为定义枚举类型关键字，在枚举值表中应列出所有可用值，这些值也称为枚举元素。

例如：

```
enum weekday{ sun,mou,tue,wed,thu,fri,sat };
```

该枚举名为 weekday，枚举值共有 7 个，即一周中的七天。凡被说明为 weekday 类型变量的取值，只能是七天中的某一天。

9.7.2 枚举类型变量的声明

如同结构体和共用体一样，枚举变量也可用不同的方式说明，即先定义后说明，同时定义说明或直接说明。

设有变量 a,b,c 被说明为上述的 weekday 变量，可采用下述任一种方式：

```
enum weekday{ sun,mou,tue,wed,thu,fri,sat };
enum weekday a,b,c;
```

或者：

```
enum weekday{ sun,mou,tue,wed,thu,fri,sat }a,b,c;
```

或者：

```
enum { sun,mou,tue,wed,thu,fri,sat }a,b,c;
```

9.7.3 枚举类型变量的使用

枚举类型变量在使用中有以下规定：

(1) 枚举值是常量，不是变量。不能在程序中用赋值语句再对它赋值。

例如，对枚举 weekday 的元素再作以下赋值：

```
sun=5;
mon=2;
sun=mon;
```

都是错误的。

(2) 枚举元素本身由系统定义了一个表示序号的数值，从第一个枚举元素开始顺序定义为 0,1,2,…。如在 weekday 中，sun 值为 0，mon 值为 1，…，sat 值为 6。

【例 9-11】 读程序，分析程序的运行结果。

程序代码如下：

```
#include <stdio.h>
int main()
{    enum weekday { sun,mon,tue,wed,thu,fri,sat } a,b,c;
     a=sun;
     b=mon;
     c=tue;
```

```
    printf("%d,%d,%d",a,b,c);
}
```

运行结果为

```
0,1,2
```

(3) 只能把枚举值赋予枚举变量,不能把元素的数值直接赋予枚举变量。

如:

```
a=sum;b=mon;
```

是正确的,而

```
a=0;b=1;
```

是错误的。

如一定要把数值赋予枚举变量,则必须用强制类型转换。

如:

```
a=(enum weekday)2;
```

其意义是将顺序号为2的枚举元素赋予枚举变量a,相当于:

```
a=tue;
```

还应该说明的是,枚举元素不是字符常量,也不是字符串常量,使用时不要加单、双引号。

9.8 类型定义符typedef

C语言不仅提供了丰富的数据类型,而且还允许由用户自己定义类型说明符代替已有的类型名,也就是说,允许由用户为数据类型取"别名"。类型定义符typedef可用来完成此功能。例如,有整型量a和b,其说明如下:

```
int a,b;
```

为了增加程序的可读性,可把整型说明符用typedef定义为

```
typedef int INTEGER
```

以后就可用INTEGER代替int作整型变量的类型说明了。

例如:

```
INTEGER a,b;
```

等效于:

```
int a,b;
```

用typedef定义数组、指针、结构体等类型将带来很大的方便,不仅使程序书写简单,而且使意义更明确,因而增强了可读性。

例如:

```
typedef char NAME[20];
```

表示 NAME 是字符数组类型,数组长度为 20。然后可用 NAME 说明变量,如:

```
NAME a1,a2,s1,s2;
```

等效于:

```
char a1[20],a2[20],s1[20],s2[20];
```

又如:

```
typedef struct stu
{
    char name[20];
    int age;
} STU;
```

定义 STU 表示 stu 的结构类型,然后可用 STU 明结构变量:

```
STU body1,body2;
```

typedef 定义的一般形式为

```
typedef 原类型名  新类型名
```

其中原类型名中含有定义部分,新类型名一般用大写表示,以便于区别。

有时也可用宏定义代替 typedef 的功能,但是宏定义是由预处理完成的,而 typedef 则是在编译时完成的,后者更灵活、方便。

9.9 位 运 算

C 语言由于具有位运算功能而可以方便地解决一些与硬件相关的问题,再加上其丰富的指针运算,使其在计算机检测和控制领域得到了应用。

9.9.1 位运算符

所谓位运算,是指直接对内存中的二进制位进行运算,其操作数只能是整型或者字符型,不能是实型。C 语言提供了 6 种位运算符,可以实现按位取反、移位等位操作。表 9-2 列出了 C 语言的位运算符。位运算符的优先级顺序为~、<<(>>)、&、^、|。位运算符与赋值运算符结合,构成了扩展的赋值运算符(位自反赋值运算符)。

表 9-2 位运算符的含义

运算符	含义	运算符	含义
~	取反	&	按位与
<<	左移	∧	按位异或
>>	右移	|	按位或

1. “按位与”(&)运算符

“&”是双目运算符,按二进制位进行“与”运算,如果两个相应的二进制位都为1,则按位与的结果值为1;否则为0。即0&0、0&1及1&0的值都为0,1&1的值为1。

【例 9-12】 计算2&5。

```
  0000 0000 0000 0010 (2 的补码)
& 0000 0000 0000 0101 (5 的补码)
  ---------------------
  0000 0000 0000 0000
```

因此,2&5的值为0。位运算都是直接对内存中的二进制位进行运算,而数据在内存中都是以补码形式存储的,如果参加位运算的是负数(如−2&−5),则直接以内存中存储的补码形式进行“按位与”运算。

```
  1111 1111 1111 1110 (−2 的补码)
& 1111 1111 1111 1011 (−5 的补码)
  ---------------------
  1111 1111 1111 1010 (−6 的补码)
```

所以,−2&−5的值为−6。

说明:本例中按2B存放一个整数举例,下面的例子以8位机器数为例。

“按位与”有如下一些特殊用途。

(1) 清零:用零和需要清零的位进行按位与运算。

【例 9-13】 原数与一个数按位与后,结果为0。

```
  0010 0111
& 1101 1000
  ---------
  0000 0000
```

(2) 取一个数中的某些指定位。

【例 9-14】 取一个整数的高字节。

```
  0010 1001 0111 1000
& 1111 1111 0000 0000
  -------------------
  0010 1001 0000 0000
```

2. “按位或”(|)运算符

“ | ”也是双目运算符,按二进制位进行“或”运算,只要两个相应位中有一个为1,则结果为1;只有当两个相应位的值均为零时,结果才为0,即0 | 0的值为0,而0|1、1|0及1|1的值都为1。

【例 9-15】 计算3|5。

```
  0000 0011  (3)
| 0000 0101  (5)
  ---------
  0000 0111
```

即3|5的结果为7。

“按位或”运算的特殊用途是对一个数据的某些特殊位设为1,而其余位不发生变化。

【例 9-16】 将一个数的高4位置1,低4位不变。

```
  0110 1011
| 1111 0000
  ---------
  1111 1011
```

3. “按位异或”(^)运算符

“^”也是双目运算符，又称 XOR 运算符。若参加运算的两个二进制位相同，则结果值为 0；不同则结果为 1，即 0^0 和 1^1 的值为 0，0^1 和 1^0 的值为 1。

【例 9-17】 求 3^5 的值。

```
  0000 0011   (3)
^ 0000 0101   (5)
-----------------
  0000 0110
```

即 3^5 的值为 6。

4. “按位取反”(～)运算符

“～”是一个单目运算符，只有一个操作数。按二进制位进行“取反”运算，即 0 变 1，1 变 0。

【例 9-18】 若 x＝0x76，则～x 的结果为－119。

```
～01110110
  10001001   (－119 的补码)
```

注意：“～”运算符为单目运算符，优先级高于算术运算符、关系运算符、逻辑运算符和其他位运算符。

5. “左移”(＜＜)运算符

“＜＜”是双目运算符，运算符左边的操作符按运算符右边的操作符给定的数值向左移若干位，从左边移出去的高位部分被丢弃，右边空出的低位部分补 0。

【例 9-19】 若 x＝0x36，则将 x 左移 3 位的表达式为 x＜＜3，结果如下：

```
   00110110
00110110       左移 3 位
   10110000    右边空出的低位部分补 0
```

表达式为 x＜＜3 的值为 0xB0。

“左移”运算符的特殊用途是可以实现乘法运算。

【例 9-20】 若 x＝0x36(十进制的 54)，则

x＜＜1　得　x＝0x6C＝108

x＜＜2　得　x＝0xD8＝216

可见，x＝0x36 左移 1 位相当于乘以 2，左移 2 位相当于乘以 4。

6. “右移”(＞＞)运算符

“＞＞”是双目运算符，运算符左边的操作符按运算符右边的操作符给定的数值向右移若干位，从右边移出去的低位部分被丢弃，对无符号数，左边空出的高位部分补 0；对有符号数，若符号位为 0(正数)，则左边空出的高位部分补 0，若符号位为 1(负数)，则左边空出的高位部分的补法与所使用的计算机系统有关，系统补 0，称为逻辑右移，系统补 1，称为算术右移。

【例 9-21】 若 x＝0x38(十进制 56)，则

x＞＞1　得　x＝0x1C＝28

x＞＞2　得　x＝0x0E＝14

可见，x＝0x38 右移 1 位相当于除以 2，右移 2 位相当于除以 4。“右移”运算符可以实

现除法运算。

9.9.2 位段

如果采用以位为操作单位的方法对数据和校验位进行操作,算法将比较烦琐。如何简洁有效地进行处理呢?这就要采用C语言提供的位段操作。

1. 位段

所谓位段,是以位为单位定义结构体类型中成员的长度。例如:

```
Struct packed_data
{
    unsigned s1 : 5;
    unsigned j1 : 3;
    unsigned s2 : 5;
    unsigned j2 : 3;
}data;
```

定义了位段结构类型 Struct packed_data,它共包含 4 个成员,每个成员的数据类型都是 unsigned int。每个位段占用的二进制位数都由冒号后面的数字指定,至于这些位段存放的方式和具体位置,则由编译系统分配,程序设计人员不必考虑。

2. 位段在定义和引用中应注意以下几点

(1) 位段成员必须指定为 unsigned 或 int 类型。

(2) 位段的长度不能大于存储单元的长度,也不能定义位段数组。

(3) 一个位段不能跨两个存储单元存放。

(4) 位段在数值表达式中引用,自动转换为整型数。

9.9.3 举例

【例 9-22】 不引入第 3 个变量,交换变量 a 和 b 的值。

分析下列 3 条语句:

```
a=a^b; b=b^a;a=a^b;
```

要求执行结果为

```
b=b^a=b^(a^b)=a^b^b=a^0=a
a=(a^b)^b^(a^b)=a^b^a^b=a^a^b^b=0^0^b=b
```

程序代码如下:

```
#include <stdio.h>
#include "math.h"
int main()
{
    int a,b;
    scanf("%d,%d",&a,&b);
    a=a^b;
```

```
    b=b^a;
    a=a^b;
    printf("a=%d,b=%d",a,b);
}
```

运行结果为

```
16,38
a=38,b=16
```

【例 9-23】 将十六进制数循环左移 4 个二进制位，如 0x1234 循环左移 4 个二进制位之后变为 0x2341。

分析：取 a 的最高 4 个二进制位放到 b 中：b=a>>(16−4)&0xf。

将 a 左移 4 个二进制位，a=a<<4 & 0xffff。

将取出的最高 4 个二进制位放入低 4 位的二进制位中：a=a|b。

程序代码如下：

```
#include <stdio.h>
int main()
{
    int a,b;
    scanf("%x",&a);
    b=a>>(16-4)&0xf;
    a=(a<<4)&0xffff;
    a=a|b;
    printf("a=%x\n",a);
}
```

运行结果为

```
1234
2341
```

9.10 自定义数据类型 C 程序实例

问题

开发一个简易的学生成绩管理系统，主要功能包括：姓名和成绩的录入、求每个学生的总成绩、成绩查询、成绩排序等。

分析

本题用一个结构体数组存储学生信息是最适合的。

程序代码如下：

```
#include <stdio.h>
#include <string.h>
#define N 30
#define M 3
```

```
struct student
{
    char name[30];
    int score[M+1];
}stu[N];
int print();
int in()                    /*输入姓名和成绩*/
{
    int i,j;
    for(i=0;i<N;i++)
    {
        gets(stu[i].name);
        for(j=0;j<M;j++)
        scanf("%d",&stu[i].score[j]);
            getchar();
    }
printf("shujushurujieshu\n");
print();
}
int query(char nam[])    /*根据姓名查找成绩*/
{
    int i,j;
    for(i=0;i<N;i++)
    if(strcmp(nam,stu[i].name)==0)
    {
        puts(stu[i].name);
        for(j=0;j<M;j++)
            printf("%5d",stu[i].score[j]);
        printf("\n");
        break;
    }
    if(i==N) printf("查无此人\n");
}
int sort(int n)             /*按第n科成绩排序*/
{
    int i,j;
    struct student t;
    for (i=0;i<N-1;i++)
        for (j=0;j<N-1-i;j++)
            if (stu[j].score[n]<stu[j+1].score[n])
            {
                t=stu[j];
                stu[j]=stu[j+1];
                stu[j+1]=t;
            }
```

```
    print();
}
int calc()                     /*按不同的选择进行排序*/
{
    int i,choos;
    printf("--------------选择排序内容---------------\n");
    printf("---------------------------------------\n");
    printf("                   1:单科排序                 \n");
    printf("                   2:按总分排序               \n");
    printf("                   0:退出                     \n");
    printf("                   请选择   0~2              \n");
    printf("---------------------------------------\n");
    scanf("%d",&choos);
    switch(choos)
    {
        case 1:printf("输入按第几科排序的数字"); scanf("%d",&i);sort(i);break;
        case 2:sort(M);break;        /* M表示按总分排序*/
        case 0:;
    }
}
int print()                                  /*输出全部成绩*/
{
    int i,j;
    for(i=0;i<N;i++)
    {
        printf("%s",stu[i].name);
        for (j=0;j<M+1;j++)
            printf("%4d",stu[i].score[j]);
        printf("\n");
    }
}
int edt()                                    /* 求每个学生的总分*/
{
    int i,j;
    for(i=0;i<N;i++)
        for(j=0;j<M;j++)
            stu[i].score[M]+=stu[i].score[j];
    print();
}
int main()
{
    int sel;
    char s[30];
    do
    {
```

```
        printf("-------------学生成绩管理系统--------------\n");
        printf("------------------------------------------\n");
        printf("                   1: 成绩录入            \n");
        printf("                   2: 成绩查询            \n");
        printf("                   3: 成绩排序            \n");
        printf("                   4: 成绩管理(求每个学生的总分)  \n");
        printf("                   5: 成绩输出            \n");
        printf("                   0: 退出                \n");
        printf("                   请选择   0~5           \n");
        printf("------------------------------------------\n");
        scanf("%d",&sel);getchar();
          switch(sel)
            {
                case 1: in();break;
                case 2: printf("shuruxingming\n");gets(s);query(s);break;
                case 3: calc();break;
                case 4: edt( );break;
                case 5: print();break;
                case 0: ;
            }
      }while(1);
}
```

运行结果如下：

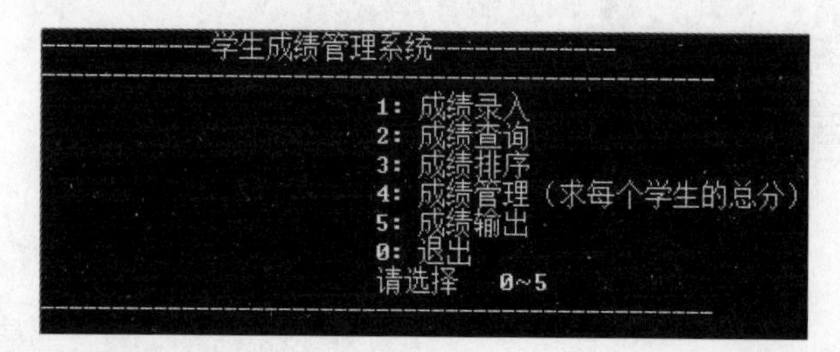

习　　题

1. 填空题

(1) a^＝b＋c 等价的语句为________。

(2) 5＋3＜＜2 的值为________。

(3) 不用计算,求出一个长整型中的二进制数。

2. 读下面程序,写出运行结果。

(1) 程序 1

```
#include <stdio.h>
int main ()
  {  struct example
     {  union
```

```
      {  int x;int y; }in;
      int a;
      int b;
    }e;
    e.a=1;e.b=2;e.in.x=e.a * e.b;e.in.y=e.a+e.b;
    printf("%d,%d\n",e.in.x,e.in.y);
}
```

(2) 程序 2

```
#include <stdio.h>
    typedef int INT;
int main ()
{  int a,b;
   a=5;b=6;
   printf("a=%d\tb=%d\n",a,b);
   {  float int; int=3.0;
   printf("2 * int=%.2f\n",2 * int);
   }
}
```

(3) 程序 3

```
int main()
{
    char b=7;
    printf("%d,%d\n",~ b,!b);
}
```

3. 定义一个结构体变量,其中包括职工号、职工名、性别、年龄、工资、地址。

4. 对上述定义的变量,从键盘输入所需的具体数据,然后用 printf()函数打印出来。

5. 有 n 个学生,每个学生的数据都包括学号(num)、姓名(name[20])、性别(sex)、年龄(age)、三门课的成绩(score[3])。要求在 main()函数中输入 n 个学生的数据,然后调用函数 count(),在该函数中计算每个学生的总分和平均分,然后打印所有的各项数据(包括原有的和新求出的)。

第10章 文件操作

到目前为止，本书所有例题运行所需数据要么来自键盘输入、要么来自内存，程序运行的结果也在内存中。这样的数据有两个缺点：其一是数据的量不可能太大；其二程序处理后的结果无法永久保存。但在实际应用中，所需的数据来源有时是按照一定格式存放在外部存储介质上的数据文件，而且数据量很大，运行程序时，要求从文件中读取数据，运行结果有时又须按照一定的格式存储在外部文件中。因此，掌握对文件的操作在程序设计中十分重要。

本章首先讲述文件的概念、分类、文件指针等基本概念，然后介绍文件的打开与关闭、文件的几种常见读写方式，最后给出文件随机读写的方法，使得文件的操作更加灵活、方便。

10.1 文件概述

10.1.1 文件的概念

文件(file)是具有文件名的一组相关数据的集合。文件是用文件名标识的，操作系统是按照文件名对数据进行存取和管理的。因此，要把数据保存到外部介质上，必须先建立一个文件并指定文件名，才能向其写入数据；要从外部介质上读取数据，也必须按照指定的文件名找到文件，然后从文件中读取数据。

从广义的角度看，文件分为数据文件和设备文件。在操作系统中，把键盘作为标准输入文件、把显示器作为标准输出文件，此外还有鼠标和打印机等，它们都是设备文件。前面各章中使用 scanf()、printf()函数就是针对标准输入输出设备进行操作的。本章主要介绍对系统中大量存在的存储在外部介质上的数据文件进行的操作。

10.1.2 文件的类型

按照用途分类，文件分为系统文件、用户文件和库文件；按照文件中的数据形式分类，文件分为源文件、目标文件和可执行文件；按文件的逻辑结构分类，文件分为有结构文件(由若干记录构成的文件)和无结构文件(直接由字符构成的文件，又称流式文件)。

C 语言中，把文件看作一个字符序列，即由一系列的字符顺序组成。根据数据的组织形式可分为 ASCII 码文件和二进制文件。ASCII 码文件又称文本文件，每个字符的 ASCII 码占用一个字节。二进制文件是把数据按照其在内存中的组织形式输出到外部介质中进行存放。

以ASCII码形式存储数据和用二进制形式存储数据有什么不同呢？下面以整型数据10000为例，如果按ASCII码形式存储，每个字符占一个字节，结果如图10-1(a)所示；而10000在内存中的二进制形式为0b0010011100010000，结果如图10-1(b)所示。由图可见，用ASCII存储该数据需要占用5个字节，而用二进制形式存储该数据只需要2个字节，因此从存储角度看，二进制形式会大大节省存储空间。从数据处理角度看，ASCII码形式与字符一一对应，这样既便于对字符的处理，也便于字符的输入输出；反之，二进制形式与字符不对应，这样输出文本形式时需要额外的转换时间。

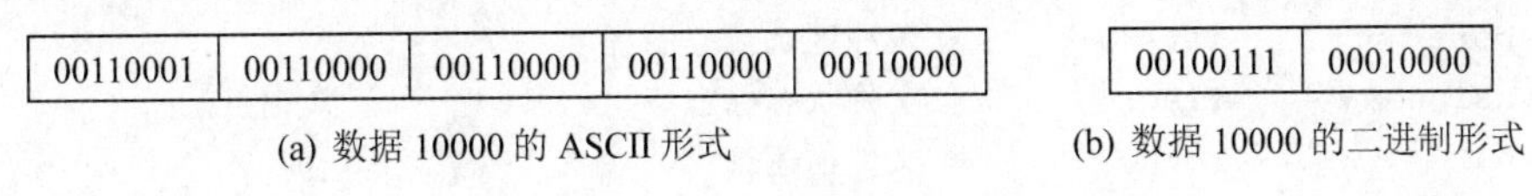

(a) 数据10000的ASCII形式　　(b) 数据10000的二进制形式

图10-1　C语言中数据的组织形式

10.1.3　文件系统

内存作为宝贵的资源，只存储系统及正在运行的软件及其相关的数据集合，而大量的文件是存储在系统外部设备中的，如磁盘。CPU运行的时间一般是几个纳秒或十几纳秒，内存访问一次大约100ns，而访问一次外存(如磁盘)大约需要几个毫秒。

CPU和存储数据的外存运行时间不在一个数量级，相差上百倍，这样的由CPU直接访问外存数据的系统称为非缓冲文件系统。显然，这样的系统严重影响CPU的运行效率。如果事先把程序要访问的数据放入内存的特定区域(程序缓冲区)，CPU要访问数据时是从内存取数据，而不是到外存取数据，这样整个系统的运行效率会大幅提升，而且根据数据的相关性，这样的操作是完全可行的，这样一个具有缓冲区的文件系统称为缓冲文件系统，如图10-2所示。

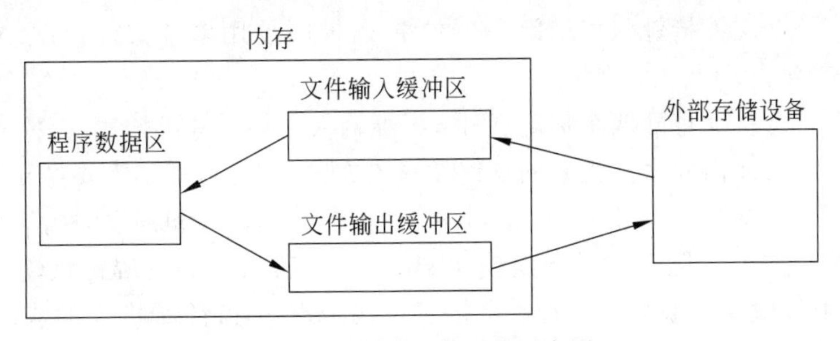

图10-2　缓冲文件系统示意图

非缓冲文件系统又称为低级磁盘输入输出系统，是指系统不会自动为文件开辟确定大小的缓冲区，而是由用户程序根据需要设定缓冲区，这样的系统是不会为程序提供数据的预存取功能的，数据访问的效率会大打折扣。

综上所述，缓冲文件系统可大大提高系统的运行效率，是当前C普遍采用的文件系统。在C语言中没有专门的输入输出语句，对文件的读写都是通过库函数实现的。ANSI C规定了标准输入输出函数，用它们对文件进行读写操作。

10.1.4 文件指针

缓冲文件系统中的一个重要概念是"文件指针"，每个被使用的文件都会在内存中开辟一个区，用来存放文件的相关信息，这些信息作为一个结构体存储在内存中。该结构体类型——FILE是由系统定义的，包含在头文件stdio.h中。

结构体形式如下：

```
typedef struct
{  short          level;     /* 缓冲区满或空的程度 */
   unsigned       flags;     /* 文件状态标志 */
   char           fd;        /* 文件描述符      */
   unsigned char  hold;      /* 如无缓冲区不读取字符 */
   short          bsize;     /* 缓冲区的大小 */
   unsigned char  *buffer;   /* 数据缓冲区的位置 */
   unsigned char  *curp;     /* 当前文件指针的位置 */
   unsigned       istemp;    /* 临时文件指示器 */
   short          token;     /* 用于有效性检查 */
} FILE;                      /* 文件对象 */
```

FILE中比较重要的成员，如buffer指针，指向了文件数据区的首地址，通过它就能找到文件中的数据；curp指针用来表示当前文件的读取位置。

通常，在访问文件之前，先定义一个文件型指针变量，用于指向FILE类型的结构体变量，通过指针指向的结构体信息访问具体的文件。

例如：

```
FILE *fp;
```

一般来说，一个文件指针只可访问一个文件，若同时使用多个文件，每个文件都要有自己专用的指针变量。

一般地，系统会自动打开两个标准文件：标准输入文件与标准输出文件，这两个文件都与终端相连。因此，前面程序中提到的从终端输入或输出数据，都不需要打开终端文件。系统自动定义了两个文件指针stdin和stdout，分别指向终端输入和终端输出。如果程序使用scanf()函数输入数据，实际上就是指定使用stdin指针所指向的终端键盘输入数据；同样，使用printf()函数输出数据，实际上就是指定使用stdout指针所指向的终端显示器输出数据。

10.2 文件的读写操作

10.2.1 文件的打开与关闭

程序在对文件进行操作时，应遵循"打开—读写—关闭"的流程。不打开文件，就无法读写文件中的数据；不关闭文件，就会占用系统资源无法释放。

1. 文件的打开

在ANSI C中，使用库函数fopen()完成打开文件的任务，其调用的一般形式为

```
FILE *fp;
fp=fopen(filename,openmode);
```

其中，filename 是要打开文件的文件名，这个文件名是广义的文件名，即不但要有文件本身的名字信息，而且还要包含文件的存储路径，这样操作系统才能找到该文件存储的具体位置。如果文件名不包含存储路径，那么系统会去默认的路径下以及当前路径下搜索该文件，找到则打开成功，否则失败。openmode 是文件的打开方式，见表 10-1 的说明。

表 10-1　C 文件的打开方式

文件的打开方式	说　明
"r"(只读)	为输入打开一个文本文件
"w"(只写)	为输出打开一个文本文件
"a"(追加)	向文本文件末尾添加数据
"rb"(只读)	为输入打开一个二进制文件
"wb"(只写)	为输出打开一个二进制文件
"ab"(追加)	向二进制文件末尾添加数据
"r+"(读写)	为读写打开一个文本文件
"w+"(读写)	为读写建立一个文本文件
"a+"(追加读写)	为追加读写打开一个文本文件
"rb+"(读写)	为读写打开一个二进制文件
"wb+"(读写)	为读写建立一个二进制文件
"ab+"(追加读写)	为追加读写打开一个二进制文件

文件打开成功与否都要返回信息给程序。若打开成功，则返回一个指向文件信息结构体的指针；若打开失败，则返回 NULL。

注：r-read，w-write，a-append，b-binary，+是既可读又可写。

关于文件打开模式的几点说明：

(1) 用"r"方式打开一个文件，是一个只读文件，即只能从该文件读入信息，不能向其输出数据。而且该文件应是一个已存在的文件，否则打开文件失败，返回 NULL。

(2) 用"w"方式打开一个文件，只能用于输出数据。如果要打开的文件不存在，则建立一个以指定名字命名的文件；如果要打开的文件已经存在，则先将其删除，然后重新建立一个同名文件。

(3) 用"a"方式打开一个文件，可向该文件追加数据。打开时文件应该已经存在，否则打开失败，返回 NULL。

(4) 用"r+""w+""a+"打开一个文件，既可以输入数据，又可以输出数据。用"r+"方式打开一个文件，该文件应事先存在，否则打开失败，返回出错信息。用"w+"方式打开一个文件就是新建该文件，然后写文件、读文件。用"a+"方式打开一个文件，原文件应已存在，否则打开失败，返回 NULL，打开时文件指针指向文件末尾，可追加数据，也可读。

(5) 打开方式中带"b"的就表示打开的是二进制文件，否则打开的是一个文本文件，其他同上。

(6) 从一个文本文件中读入数据时,需要将ASCII码转换成二进制码,把数据写入文本文件中时,也要将二进制码转换成ASCII码。因此,对文本文件的读写要花费转换时间,而对二进制文件的读写不需要这种转换。

(7) 在程序开始运行时,系统自动打开3个标准文件:标准输入文件、标准输出文件、标准错误输出文件,通常它们对应于终端设备。系统自动定义了3个文件类型的指针stdin、stdout、stderr,分别指向上述3个文件。一般地,标准输入文件指键盘,而标准输出文件和错误输出文件对应显示器。

2. 文件的关闭

一个文件在使用完毕之后应及时关闭。这样做的目的之一是及时把信息通知系统,以便系统回收其所占用的资源;目的之二是防止被误用,关闭文件就意味着不能再通过文件指针对其所关联的文件进行读写操作了,除非重新打开。

C中关闭文件使用fclose()函数,一般形式为

```
fclose(fp);
```

编写程序时,要养成一个好的习惯,只要打开的文件使用完毕,一定要关闭该文件,即fopen()函数与fclose()函数是一一对应的,这样可以防止数据丢失。一般来说,在向文件中写数据时,是先将数据输出到缓冲区中,待缓冲区装满后才输出给磁盘文件,但是如果程序结束时,缓冲区仍未装满,其中的数据还未传到磁盘上,就只有使用fclose()函数关闭文件,才能强制清空缓冲区中的内容,将其数据送到磁盘文件中,并释放文件指针变量。

函数fclose()与其他函数一样,也有一个返回值,如果文件顺利被关闭,则返回值为0,否则返回值为EOF(其值为-1)。

10.2.2 文件的顺序读写

文件成功打开后,就可以对其进行读写操作了。

1. 单个字符的读写操作

C提供了两个标准库函数,用于单个字符的文件读写操作,它们是fputc()函数和fgetc()函数。

把一个字符写到磁盘文件上的函数fputc(),其原型如下:

```
int fputc (char c, FILE * fp);
```

调用该函数需要传递给它两个参数:第一个参数c是要输出的字符;第二个参数fp是文件指针变量,该函数完成将字符c写到fp所指向的文件中的功能。fputc()函数有返回值,如果输出成功,则返回值就是输出的字符;如果输出失败,则返回常量EOF。

从指定文件读取一个字符的函数fgetc(),其原型如下:

```
int fgetc(FILE * fp);
```

调用该函数需要传递给它一个参数,该参数就是指向指定文件的指针变量fp,该函数的功能是从fp指向的文件中获取一个字符。函数调用成功,就从fp指向的文件中获取一个字符,如果读取文件到末尾,则返回一个文件结束标志EOF。

注意：EOF不是可输出字符，不能在屏幕上显示。由于字符的ASCII码不可能是负数，所以使用－1作为EOF的值是可以的。当读入字符是－1时，就表明文件结束了。但这只适用于处理文本文件的情形。现在的ANSI C系统允许使用缓冲文件系统处理二进制文件，而二进制数据中有一个数值－1也很正常，此时读入－1并不意味着文件结束。为了区分读入的－1是数据，还是文件结束标志，ANSI C提供了一个函数feof()，用来判断文件是否真的结束了。

```
int feof(FILE * fp);
```

调用该函数返回0或1，返回0表明文件未结束，返回1则表明文件已经结束，文件指针已指向文件末尾。

【例10-1】 将"D:\file1.txt"文件的内容复制到"D:\file2.txt"中。

程序代码如下：

```
#include <stdio.h>
#include <stdlib.h>
int main()
{
    //定义两个文件指针,分别对应输入文件和输出文件
    FILE * file1, * file2;
    char ch;
    //以只读方式打开文本文件"D:\file1.txt"
    if((file1=fopen("D:\file1.txt","r"))==NULL)
    {
        printf("cann't open D:\\file1.txt\n");
        exit(0);               //打开 file1.txt 失败,程序退出
    }
    //以写方式打开(新建)文本文件"D:\file2.txt"
    if((file2=fopen("D:\file2.txt","w"))==NULL)
    {
        printf("cann't open D:\\file2.txt\n");
        exit(0);               //建立文件 file2.txt 失败,程序退出
    }
    //逐个字符从 file1 中读入,然后逐个字符输出到 file2
    while(!feof(file1))
    {
        ch=fgetc(file1);
        fputc(ch,file2);
    }
    //操作结束,关闭文件
    fclose(file1);
    fclose(file2);
}
```

程序运行结果：在D盘根目录下新建了一个文件file2.txt，其内容与file1.txt文件的

内容一模一样。

读者应注意到程序中对打开文件的操作做了安全处理，因为打开文件操作有可能会因为某些原因而失败，因此程序中做了处理，一旦打开文件失败，就调用系统函数 exit()结束程序的运行。该函数声明在 stdlib.h 中，因此程序的开头包含了该头文件。本程序完成文件内容复制的功能，使用文本文件是为了便于观察运行结果。本程序中复制的源文件和目标文件相同，如何在运行过程中动态指定源文件和目标文件名呢？请读者自行思考。

2. 数据块的读写操作

使用 fgetc()和 fputc()函数，可以逐个字符地读写文件，但有时需要读写的是一个组合数据项(如结构体)，ANSI C 提供了两个函数 fread()和 fwrite()，用来读写一个数据块。

把一个数据块从磁盘文件读入的函数 fread()，其原型如下：

```
int fread (char * buffer, unsigned size, unsigned n, FILE * fp);
```

调用该函数需要传递给它 4 个参数，buffer 是用来存放输入数据的缓冲区指针变量，size 是要读取对象的大小(字节数)，n 是要读取多少个 size 大小的对象，fp 指向要读取的文件的指针变量。函数的返回值是所读取的数据项的个数，如遇文件结束或出错，则返回 0。

把若干数据块从内存写入文件的函数 fwrite()，其原型如下：

```
int fwrite (char * buffer, unsigned size, unsigned n, FILE * fp);
```

调用该函数需要传递给它 4 个参数，其各自的含义同 fread()，函数的返回值是写入文件中的数据项的个数。

使用这两个函数一般是针对二进制数据进行操作。

【例 10-2】 从键盘输入 5 名学生的相关数据，包括学号、姓名、性别、年龄、数学成绩、语文成绩、英语成绩，然后把这些数据存储到磁盘文件 D:\block.dat 中。

程序代码如下：

```
#include <stdio.h>
#include <stdlib.h>
#define SIZE 5
//定义学生结构体
struct student{
    int num;                    //学号
    char name[15];              //姓名
    char sex[4];                //性别
    int age;                    //年龄
    float math;                 //数学成绩
    float chinese;              //语文成绩
    float english;              //英语成绩
}Stu[SIZE];
int main()
{
    int saveStu();              //声明保存数据函数
    int i;
    printf("please input name,sex,num,age,math,chinese, english\n");
```

```
    for(i=0;i<SIZE;i++)    //完成 SIZE 名同学信息的录入
    scanf("%s%s%d%d%f%f%f",Stu[i].name,Stu[i].sex,&Stu[i].num,&Stu[i].age,
&Stu[i].math,
        &Stu[i].chinese,&Stu[i].english);
    saveStu();              //调用自定义函数完成数据的持久化保存
    return 0;
}
/*保存学生数据的函数*/
int saveStu()
{
    FILE *fp;
    int i;
    //建立一个文件 "D:\block.dat"
    if((fp=fopen("D:\block.dat","wb"))==NULL)
    {
        printf("cannot open file D:\block.dat");
        exit(0);
    }
    //将学生数据顺序写入文件
    for(i=0;i<SIZE;i++)
        if(fwrite(&Stu[i],sizeof(struct student),1,fp)!=1)
            printf("file write error\n");
    //关闭文件
    fclose(fp);
}
```

运行结果如下：

```
please input name,sex,num,age,math,chinese,english
马立军男 1001 21 95 96 93↙
司马空男 1002 17 73 74 70↙
张礼达男 1003 19 79 80 66↙
白小娟女 1004 20 67 68 69↙
朱晓霞女 1005 18 91 99 100↙
```

程序运行后在 D 盘根目录下建立了 block. dat 文件。

本程序是将学生数据输出到磁盘文件中。为了验证例 10-2 写入文件数据的正确性，下面再通过一个程序读入数据，并将结果显示在屏幕上。

【例 10-3】 读出文件 D:\block. dat 中 5 名学生的数据，并将结果显示在屏幕上。

程序代码如下：

```
#include <stdio.h>
#include <stdlib.h>
#define SIZE 5
//定义学生结构体
struct student{
```

```
    int num;                    //学号
    char name[15];              //姓名
    char sex[5];                //性别
    int age;                    //年龄
    float math;                 //数学成绩
    float chinese;              //语文成绩
    float english;              //英语成绩
}Stu[SIZE];
int main()
{
    FILE * fp;
    int i;
    //打开文件 "D:\block.dat"
    if((fp=fopen("D:\block.dat","rb"))==NULL)
    {
        printf("cannot open file D:\block.dat");
        exit(0);
    }
    for(i=0;i<SIZE;i++)
    {
        //读入一个学生的数据放入 Stu[i]中
        fread(&Stu[i],sizeof(struct student),1,fp);
        //输出该学生的信息
        printf("%6d %-10s %-4s %4d %6.1f %6.1f %6.1f\n",
            Stu[i].num,Stu[i].name,Stu[i].sex,Stu[i].age,Stu[i].math,Stu[i].
            chinese,Stu[i].english);
    }
    return 0;
}
```

程序运行结果：

```
  1001 马立军     男     21   95.0   96.0   93.0
  1002 张德全     男     17   73.0   74.0   70.0
  1003 李光伟     男     19   79.0   80.0   66.0
  1004 姜小萍     女     20   67.0   68.0   69.0
  1005 赵金花     女     18   91.0   99.0  100.0
```

从程序运行结果看，例 10-2 存入文件 D:\block. dat 中的数据正式录入的数据，结果完全正确。这里需要注意的是，写入时是二进制“wb”方式，那么读入时也应是二进制“rb”方式，否则存入的数据与读出的数据会有问题。fread()函数和 fwrite()函数一般用于二进制数据的输入输出，因为它们是按照数据块的长度处理输入和输出的。

3. 格式化数据的读写操作

针对文件进行格式输入输出数据的操作，该类函数包括 fscanf()和 fprintf()。这两个函数的功能类似于 scanf()和 printf()函数，只是 scanf()和 printf()函数是针对标准输入输出设备而言的。

将数据格式化输出到指定文件的函数 fprintf()，其原型如下：

```
int fprintf (FILE * fp, char * format, args…) ;
```

该函数的第一个参数是一个指向格式化输出的文件的指针变量，第二个参数和 printf() 函数的格式控制部分作用相同，第三个部分是要输出的具体数据列表，是一个可变长参数。函数的返回值是实际输出的字符个数。

将数据从指定文件格式化输入的函数 fscanf()，其原型如下：

```
int fscanf(FILE * fp, char format, args…) ;
```

该函数的参数 fp 及 format()与 fprintf()函数的前两个参数的含义相同，第三个部分是要接收数据的地址列表，也是一个可变长参数，使用时类似于 scanf()函数。该函数的返回值是已输入的数据个数。

【例 10-4】 从键盘输入若干学生的信息(学号，姓名，数学成绩，英语成绩，C 程序设计成绩)，并将这些信息格式化输出到磁盘文件(文件名由键盘键入)中保存。

程序代码如下：

```
#include <stdio.h>
#include <stdlib.h>
int main()
{
    FILE * file;
    int n,i;
    char fileName[20];             //保存文件名
    char stuName[10];              //保存学生姓名
    int num;                       //学号
    float math,english,clanguage;  //数学成绩、英语成绩、C 程序设计成绩
    //输入文件名
    printf("please input filename.\n");
    scanf("%s",fileName);
    //创建输出文件
    if((file=fopen(fileName,"w"))==NULL)
    {
        printf("cannot open file %s",fileName);
        exit(0);
    }
    //输入学生人数
    printf("please input student number.\n");
    scanf("%d",&n);
    //输入并保存学生信息
    printf("num studentname math english clanguage\n");
    for(i=0;i<n;i++)
    {
        scanf("%d%s%f%f%f",&num,stuName,&math,&english,&clanguage);
        fprintf(file,"%d %s %.1f %.1f %.1f \n", num, stuName, math, english,
        clanguage);
    }
```

```
    //关闭文件
    fclose(file);
    return 0;
}
```


程序运行结果：

```
please input filename.
D:\\formatfile.txt
please input student number.
2
num studentname math english clanguage
1001 zhangsan   87   80   89
1002 lisi       90   66   85
```

输入后，结果在D盘根目录下建立了文件formatfile.txt，并且其内容也正是格式化输出的结果。格式化输出数据到指定文件保存文件内容如图10-3所示。

```
formatfile.txt - 记事本
文件(F) 编辑(E) 格式(O) 查看(V) 帮助(H)
1001 zhangsan 87.0 80.0 89.0
1002 lisi 90.0 66.0 85.0
```

图10-3　格式化输出数据到指定文件保存文件内容

【例10-5】 从例10-4运行结果文件D:\formatfile.txt中将保存的格式化数据输入计算机，并在屏幕上显示出来。

程序代码如下：

```
#include <stdio.h>
#include <stdlib.h>
int main()
{
    FILE *file;
    char fileName[20];              //文件名
    char stuName[10];               //学生姓名
    int i,num;                      //学号
    float math,english,clanguage; //数学成绩,英语成绩,C程序设计成绩
    //输入文件名
    printf("please input filename.\n");
    scanf("%s",fileName);
    //打开指定文件
    if((file=fopen(fileName,"r"))==NULL)
    {
        printf("cannot open file %s",fileName);
        exit(0);
    }
    //输入并显示学生信息
    printf(" num studentname math english clanguage\n");
    while(!feof(file))
    {
```

```
        i=fscanf(file,"%d%s%f%f%f",&num,stuName,&math,&english, ,& clanguage);
        if(i>3)
            printf ("% 5d% 10s% 8.1f% 8.1f% 8.1f\n", num, stuName, math, english,
            clanguage);
    }
    //关闭文件
    fclose(file);
    return 0;
}
```

运行结果为

```
please input filename.
D:\\formatfile.txt
 num   studentname math english clanguage
 1001  zhangsan    87.0   80.0     89.0
 1002      lisi    90.0   66.0     85.0
```

从文件中格式化输入数据和从键盘接收数据的注意事项相似，注意文件中数据的分隔符要与 fscanf 中格式控制符中的间隔符号一致。

4. 文件中字符串数据的输入输出操作

针对文件进行字符串的输入输出操作，该类函数包括 fgets()和 fputs()。

将字符串输出到指定文件函数，其原型如下：

```
intfputs (char *buffer,FILE *fp) ;
```

该函数的第一个参数是一个缓冲区，用来保存预输出的字符串；第二个参数是指向文件的指针变量。若函数的调用成功，则返回值为 0；若调用失败，则返回非零值。

fputs()函数将字符串 str 写到 fp 指向的文件中，但字符串结束符'\0'不被写入文件，也不自动加'\n'。连续多次调用函数输出多个字符串时，文件中的各字符串将首尾相接，它们之间不存在任何间隔符。为了便于将输出的字符串以字符串的形式读入，在输出字符串时，应在每次调用 fputs()后，再向文件写入一个字符'\n'作为字符串的分隔符。

从指定文件读取字符串，函数原型如下：

```
char *fgets(char *buffer, int n, FILE *fp) ;
```

该函数的第一个参数是一个缓冲区，用来保存从文件读取的字符串。参数 n 指定最多可读入 n－1 个字符，然后在末尾追加一个'\0'，组成的具有 n 个字符的字符串缓冲区 buffer 中。如果在读完 n－1 个字符之前遇到换行符或 EOF，读入即结束。函数的返回值是 buffer 的首地址，如果遇到文件结束或出错，则返回 NULL。

【例 10-6】 将字符串"Tsinghua University" "Peking University" "Fudan University" "Jiaotong University" "Tongji University"写入磁盘文件 stringfile.txt 中，最后读取并显示文件内容。

程序代码如下：

```
#include <stdio.h>
#include <stdlib.h>
int main( )
```

```
{
    char str[5][25]={"Tsinghua University","Peking University","Fudan University",
                    "Jiaotong University", "Tongji University"},temps[25];
    int i;
    FILE * fp;
    //打开文件
    if((fp=fopen("d:/stringfile.txt", "w"))==NULL)
    {
        printf("cannot open file\n");
        exit(0);
    }
    //输出5个字符串到文件
    for(i=0;i<5;i++)
    {
        fputs(str[i],fp);                /*写入字符串*/
        fputc('\n',fp);                  /*写入一分隔符*/
    }
    //关闭文件
    fclose(fp);
    //打开指定文件
    if((fp=fopen("d:/stringfile.txt", "r"))==NULL)
    {
        printf("cannot open file\n");
        exit(0);
    }
    //输出文件内容
    printf("The file content is:\n");
    while(fgets(temps,25,fp)!=NULL)
    printf("%20s",temps);
    fclose(fp);
    return 0;
}
```

运行结果如下：

```
The file content is:
Tsinghua University
  Peking University
   Fudan University
Jiaotong University
  Tongji University
```

使用fputs()输出字符串到文件，一般应加上换行符，以便读取时方便。使用fgets()从指定文件读取字符串时，应适当选择第二个参数n的大小。

10.2.3 文件的随机读写

前面介绍了4种对文件的顺序读写方法，无论是写入，还是读取文件数据，都是按照存储的先后顺序进行的。但在实际问题中，有时需要从存储的文件中读取指定的数据或修改指定的数据，为了解决类似问题，C语言是通过控制文件位置指针实现的。

1. 文件位置指针

文件位置指针就是结构体FILE中的curp的分量，这个位置指针总是当前的读写位置。每次读/写几个字节，该位置指针就向后移动几个位置，如果能够使位置指针指向指定的位置，就可以实现文件的随机存取了。

文件位置指针相关常量定义及其含义见表10-2。

表10-2　文件位置指针相关常量定义及其含义

符号常量	数字	起始点
SEEK_SET	0	文件开始
SEEK_CUR	1	文件当前位置
SEEK_END	2	文件末尾

2. 文件随机读写的相关函数

1）ftell()函数

函数原型如下：

```
long ftell(FILE * fp);
```

调用该函数，返回fp所指向的文件中的读写位置，即文件指针的当前位置。返回值是－1L，表示出错。

2）rewind()函数

函数原型如下：

```
int rewind(FILE * fp);
```

该函数的作用是将fp指示的文件的位置指针置于文件开头位置，其值修改为SEEK_SET。

3）fseek()函数

函数原型如下：

```
int fseek(FILE * fp, long offset, int base);
```

该函数的功能是将fp所指向的文件位置指针移到以base给出的位置为基准、以offset为位移量的位置。base是移动的起始点，取值可以是表10-2中的任意一个。位移量是以base为基点，向前移动的字节数。例如：

```
fseek(fp,100L,0);          //表示将文件位置指针移到离开头100个字节处
fseek(fp,200L,1);          //表示将文件位置指针移到离当前位置后200个字节处
fseek(fp,-100L,2);         //表示将文件位置指针移到距离文件末尾100个字节处
```

【例10-7】 将6名学生的信息写入“D:\stuinfo.dat”中，然后从文件中找到第2、4、6名学生的数据并输出到屏幕。

程序代码如下：

```
#include <stdio.h>
```

```
#include <stdlib.h>
struct student
{
    char name[20];
    int num;
    int age;
    float score;
}stuInfo[6],temp;
//录入6名学生的数据
int inputData();
//将6名学生的数据存入文件
int saveData();
//输出文件中指定学号的学生信息
int display();
int main()
{
    inputData();
    saveData();
    display();
    return 0;
}
int inputData()
{
    int i;
    printf("name num age score\n");
    for(i=0;i<6;i++)
        scanf("%s%d%d%f",stuInfo[i].name,&stuInfo[i].num,
    &stuInfo[i].age,&stuInfo[i].score);
}
int saveData()
{
    FILE *fp;
    int i;
    if((fp=fopen("d:\\stuInfo.txt", "wb"))==NULL)
    {
        printf("cannot open file\n");
        exit(0);
    }
    //输出6名学生的数据到指定文件
    for(i=0;i<6;i++)
        fwrite(&stuInfo[i],sizeof(struct student),1,fp);
    fclose(fp);
}
int display()
{
```

```
    FILE * fp;
    int n;
    if((fp=fopen("d:\\stuInfo.txt", "rb"))==NULL)
    {
        printf("cannot open file\n");
        exit(0);
    }
    printf("please input student No.(1~ 6)\n");
    scanf("%d",&n);
    //重新定位文件指针
    fseek(fp,(n-1) * sizeof(struct student),0);
    //从文件中读取指定记录
    fread(&temp,sizeof(struct student),1,fp);
    //输出结果
    printf("%5s %6d %4d %4.1f",temp.name,temp.num,temp.age,temp.score);
    fclose(fp);
}
```

程序输入如下：

```
name num age score↙
杨少臣 1001 300 80↙
那洪涛 1002 280 90↙
孙德鑫 1003 800 95↙
刘德鹏 1004 600 78↙
曾志伟 1005 500 75↙
唐晓霞 1006 100 98
```

运行结果为

```
please input student No.(1~6)
2
那洪涛   1002  280 90.0
```

本例表明，对文件的随机读写是可以实现的，但应注意读取数据位置的计算要精确，而且一般是针对二进制文件进行的。

10.3 文件操作实例

前述各章的例子中有一个共同问题：对于稍微复杂一些的、数据量稍大的程序，数据录入都是一个难题，而且在程序调试过程中反复录入数据是一件很痛苦的事。每次程序运行的结果也都无法保存，下次运行程序还要重新录入数据。本章学习了文件操作以后，我们可将数据保存到文件中，使用数据时只读取数据文件即可，这样给程序的开发和调试带来了极大的方便。

问题

以9.10节简易的学生成绩管理系统例子为基础，实现一个动态管理学生成绩的系统。

该系统能够按学号顺序录入信息，按学号查找指定学生的信息，删除指定学生的信息，修改指定学生的信息。

分析

为实现对学生数据的动态管理，建立一个单向链表，能够实现对学生数据的增、删、改查，每次程序运行结束前，应将链表数据持久化到磁盘文件中，以便下次使用。

程序代码如下：

```
#include <stdio.h>
#include <stdlib.h>
#include <string.h>
typedef struct student{
    int num;                            //学号
    char name[20];                      //姓名
    int age;                            //年龄
    float math;                         //数学成绩
    float chinese;                      //语文成绩
    float english;                      //英语成绩
    float physics;                      //物理成绩
    float chemistry;                    //化学成绩
    float ave;
    struct student * next;
}stuInfo;
typedef struct stuHead{
    int newNum;                         //更新后记录数
    int oldNum;                         //更新前记录数
    stuInfo * next;
}stuHead;
char fileName[20]="d:\\student.txt";//文件名
//获取用户输入的选项,并建立目录
char get_choice(int);
//获取用户输入的选项,并剔除错误输入
char get_first(int);
//暂停
int stop();
//初始化链表
stuHead * initLinklist();
//学生信息录入
int addStuInfo(stuHead * linkList);
//删除学生信息
int deleteStuInfo(stuHead * linkList);
//修改学生信息
int updateStuInfo(stuHead * linkList);
//查找学生信息
int findStuInfo(stuHead * linkList);
//显示学生信息明细
```

```
int displayStuInfo(stuHead * linkList);
//学生信息排行榜
int sortStuInfo(stuHead * linkList);
//退出系统
int quitStuInfo(stuHead * linkList);
//主函数
int main()
{
    stuHead * linkList;
    linkList=initLinklist();
    char choice;
    //显示系统菜单,输入选项
    choice =get_choice();
    while(choice !='7')
    {
        switch(choice)
        {
            case '1':addStuInfo(linkList);stop();break;
            case '2':deleteStuInfo(linkList);stop();break;
            case '3':updateStuInfo(linkList);stop();break;
            case '4':findStuInfo(linkList);stop();break;
            case '5':displayStuInfo(linkList);stop();break;
            case '6':sortStuInfo(linkList);stop();break;
            default :
                printf("您输入有误,请重新输入: "); break;
        }
        fflush(stdin);                //用来清空输入缓冲区
        choice =get_choice();
    }
    quitStuInfo(linkList);
    printf("bye");
    return 0;
}
//获取用户输入的选项,并建立目录
char get_choice(int)
{
    char ch;
    system("cls");                    //清除屏幕
    printf("\n---------学生成绩管理系统---------");
    //建立目录
    printf("\n --------------------------------\n");
    printf("\t1. 学生信息录入 \n\t2. 删除学生信息\n");
    printf("\t3. 修改学生信息 \n\t4. 查找学生信息\n");
    printf("\t5. 学生信息明细 \n\t6. 学生成绩排行榜\n");
    printf("\t7. 退出");
```

```
    printf(" \n -------------------------------\n");
    printf(" 请输入你的选项:");
    ch =get_first();
    while(ch ==' ' || ch =='\n' || ch =='\t')
    ch =get_first();
    //判断用户输入的选项是否有误
    while((ch<'1' || ch>'7') )
    {
        putchar(ch);
        printf(" 你输入的选项有误,请重新输入: ");
        ch =get_first();
    }
    return ch;
}
//获取用户输入的选项,并剔除错误输入
char get_first(int)
{
    char ch;
    ch =getchar();
    //剔除由用户输入选项时产生的换行符
    while(ch =='\n')
    { ch =getchar(); }
    return ch;
}
//暂停
int stop()
{  getch(); }
//初始化链表
stuHead * initLinklist()
{
    stuHead * linkList;
    stuInfo * p1, * p2;
    int i,n=0;
    FILE * fp;
    //打开指定文件
    if((fp=fopen(fileName,"r"))==NULL)
    {
        printf("cannot open file %s",fileName);
        exit(0);
    }
    //生成链表头结点
    linkList=(stuHead *)malloc(sizeof(stuHead));
    linkList->next=NULL;
    //读入学生信息
    while(!feof(fp))
```

```
    {
        //开辟新空间
        p1=(stuInfo *)malloc(sizeof(stuInfo));
        p1->next=NULL;
        //读入一条记录
        i=fscanf(fp,"%d%s%d%f%f%f%f%f%f",&p1->num,p1->name,
        &p1->age,&p1->math,&p1->chinese,&p1->english,
                &p1->physics,&p1->chemistry,&p1->ave);
        if(i>3){
            n++;
            if(n==1)
                linkList->next=p1;
            else
                p2->next=p1;
            p2=p1;
        }
        else{
        free(p1);
        break;
        }
    }
    //初始化链表头结点
    linkList->newNum=n;
    linkList->oldNum=n;
    fclose(fp);
    return linkList;
}
//学生信息录入
int addStuInfo(stuHead * linkList)
{
    stuInfo * p, * p1, * p2;
    int i;
    char ch;
    printf("\n input students detail information.\n");
    printf("\n%5s%10s%5s%8s%8s%8s%8s%8s\n","学号","姓名",
            "年龄","数学","语文","英语","物理","化学");
    //开辟新空间
    p=(stuInfo *)malloc(sizeof(stuInfo));
    p->next=NULL;
    //读入一条记录
    i=scanf("%d%s%d%f%f%f%f%f",&p->num,p->name,&p->age,&p->math,
    &p->chinese,&p->english,&p->physics,&p->chemistry);
    if(i>3)
    {
        p->ave=(p->math+p->chinese+p->english+
```

```
        p->physics+p->chemistry)/5;
        p1=linkList->next;
        while(p1 !=NULL){
            p2=p1;
            p1=p1->next;
        }
        p2->next=p;
        linkList->newNum++;
    }
    return;
}
//删除学生信息
int deleteStuInfo(stuHead * linkList)
{
    int num;
    char ch,name[20];
    stuInfo * p1, * p2;
    printf("\n input delete students No. name\n");
    if(linkList->newNum==0)
    {
        printf("There is no student's infomation.");
        stop();
        return ;
    }
    printf("\n%5s%10s\n","学号","姓名");
    scanf("%d%s",&num,name);
    p1=linkList->next;
    if(p1->num==num && strcmp(p1->name,name)==0)
    {
        linkList->next=p1->next;
        free(p1);
        linkList->newNum--;
        printf("There is no student's infomation.");
        stop();
        return ;
    }
    p2=p1;p1=p1->next;
    while(p1!=NULL && !(p1->num==num && strcmp(p1->name,name)==0))
    {
        p2=p1;p1=p1->next;
    }
    if(p1!=NULL)
    {
        linkList->newNum--;
        p2->next=p1->next;
```

```
        free(p1);
    }else
    {
        printf("%5d %s is not exitst.",num,name);
    }
    return;
}
//修改学生信息
int updateStuInfo(stuHead * linkList)
{
    int num,age;
    char ch,name[20];
    float math,chinese,english,physics,chemistry;
    stuInfo * p1, * p2;
    printf("\n input update students No. name\n");
    printf("\n%5s%10s%5s%8s%8s%8s%8s%8s\n","学号","姓名",
                "年龄","数学","语文","英语","物理","化学");
    scanf("%d%s%d%f%f%f%f%f",&num,name,&age,&math,
      &chinese,&english,&physics,&chemistry);
    p1=linkList->next;
    while(p1!=NULL && !(p1->num==num && strcmp(p1->name,name)==0))
        p1=p1->next;
    if(p1!=NULL){
        p1->num=num;strcpy(p1->name,name);p1->age=age;
        p1->math=math;p1->chinese=chinese;p1->english=english;
        p1->physics=physics;p1->chemistry=chemistry;
        p1->ave=(math+chinese+english+physics+chemistry)/5;
    }else
    {
        printf("There is no student(%d %s).",num,name);
    }
    return;
}
//查找学生信息
int findStuInfo(stuHead * linkList)
{
    int num,age;
    char ch,name[20];
    stuInfo * p1, * p2;
    printf("\n input a student's No. name.\n");
    printf("\n%5s%10s\n","学号","姓名");
    scanf("%d%s",&num,name);
    p1=linkList->next;
    while(p1!=NULL && !(p1->num==num && strcmp(p1->name,name)==0))
        p1=p1->next;
```

```
    if(p1!=NULL){
        printf("\n%5s%10s%6s%8s%8s%8s%8s%8s%8s\n","学号","姓名",
            "年龄","数学","语文","英语","物理","化学","平均分");
        printf("%5d%10s%6d%8.1f%8.1f%8.1f%8.1f%8.1f%8.1f\n",
          p1->num,p1->name,p1->age,p1->math,p1->chinese,
            p1->english,p1->physics,p1->chemistry,p1->ave);
    }else{
        printf("There is no student(%d %s).",num,name);
        stop();
    }
}
//显示学生明细信息
int displayStuInfo(stuHead * linkList)
{
    stuInfo * p1, * p2;
    p1=linkList->next;
    printf("\n show all students detail information.\n");
    printf("\n%5s%10s%6s%8s%8s%8s%8s%8s%8s\n","学号","姓名",
        "年龄","数学","语文","英语","物理","化学","平均分");
    while(p1!=NULL){
        printf("%5d%10s%6d%8.1f%8.1f%8.1f%8.1f%8.1f%8.1f\n",
            p1->num,p1->name,p1->age,p1->math,p1->chinese,
              p1->english,p1->physics,p1->chemistry,p1->ave);
        p1=p1->next;
    }
}
//学生信息排行榜
int sortStuInfo(stuHead * linkList){
    stuInfo * p[linkList->newNum];
    stuInfo * p1;
    int i=0,j,k;
    p1=linkList->next;
    //指针数组指向链表各结点
    while(p1!=NULL)
    {
    p[i++]=p1;
        p1=p1->next;
    }
    //排序
    for(i=0;i<linkList->newNum-1;i++)
    {
        k=i;
        for(j=i+1;j<=linkList->newNum-1;j++)
        {
            if(p[j]->ave<p[k]->ave)
```

```
                k=j;
            }
            if(k!=i){
                p1=p[i];
                p[i]=p[k];
                p[k]=p1;
            }
        }
        //输出结果
        for(i=linkList->newNum-1;i>=0;i--)
        {
            printf("%5d%10s%6d%8.1f%8.1f%8.1f%8.1f%8.1f%8.1f\n",
                p[i]->num,p[i]->name,p[i]->age,p[i]->math,p[i]->chinese,
                  p[i]->english,p[i]->physics,p[i]->chemistry,p[i]->ave);
        }
    }
//保存学生信息
int saveStuInfo(stuHead * linkList)
{
    FILE * fp;
    stuInfo * p1, * p2;
    //创建输出文件
    if((fp=fopen(fileName,"w"))==NULL)
    {
        printf("cannot open file %s",fileName);
        exit(0);
    }
    p1=linkList->next;
    while(p1!=NULL)
    {
        fprintf(fp,"%d %s %d %.1f %.1f %.1f %.1f %.1f %.1f\n",
            p1->num,p1->name,p1->age,p1->math,p1->chinese,
              p1->english,p1->physics,p1->chemistry,p1->ave);
        p1=p1->next;
    }
    fclose(fp);
    return;
}
//退出系统
int quitStuInfo(stuHead * linkList)
{
    stuInfo * p1, * p2;
    //保存信息
    saveStuInfo(linkList);
    //释放空间
```

```
    p1=linkList->next;
    linkList->next=NULL;
    while(p1!=NULL){
        p2=p1->next;
        free(p1);
        p1=p2;
    }
    free(linkList);
    return;
}
```

运行结果如下：

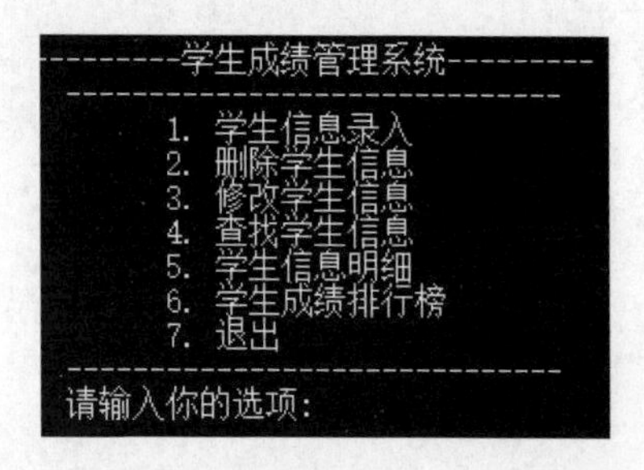

本例运用C程序设计的基本知识，实现了一个简单的学生成绩管理系统，基本框架已具备，读者可以该范例为基础，根据自身需要实现相应的管理系统。其中数据持久化是本例的一个亮点，可为下次学生信息的查阅带来很大方便。

习　题

1. 选择题

(1) 下列关于C语言数据文件的叙述，正确的是(　　)。

A. 文件由ASCII码字符序列组成，C语言只能读写文本文件

B. 文件由二进制数据序列组成，C语言只能读写二进制文件

C. 文件由记录序列组成，可按数据存放形式分为二进制文件和文本文件

D. 文件由数据流形式组成，可按数据存放形式分为二进制文件和文本文件

(2) 关于二进制文件和文本文件，描述正确的为(　　)。

A. 文本文件每个字节存放一个ASCII，只能存放字符或字符串数据

B. 二进制文件把内存中的数据按其在内存中的存储形式原样输出到磁盘上存放

C. 二进制文件可以节省外存空间和转换时间，不能存放字符形式的数据

D. 中间结果需要暂时保存在外存，以后又需要输入内存的，常用文本文件保存

(3) 下列叙述中，正确的是(　　)。

A. C语言中的文件是流式文件，因此只能顺序存取数据

B. 打开一个已存在的文件并进行写操作后，原有文件中的数据一定被覆盖

C. 对文件进行写操作后，必须先关闭该文件，然后再打开，才能读到第一个数据

D. 当对一个文件的读写操作完成后，必须将它关闭，否则可能导致数据丢失

(4) 可以把整型数据以二进制形式存放到文件中的函数是(　　)。

A. fprintf()　　B. fread()　　C. fwrite()　　D. fputc()

(5) 定义“File *fp”,则文件指针 fp 指向的是(　　)。

A. 文件在磁盘上的读写位置　　B. 文件在缓冲区上的读写位置

C. 整个磁盘文件　　D. 文件类型结构

2. 编程题

(1) 从键盘输入一个以#结束的字符串,将该字符串保存到磁盘文件 mystring.txt 中。

(2) 已知C盘根目录下的 mp3 文件夹下有一首歌曲 xxx.mp3,试将其复制到D盘根目录下并命名为 yyy.mp3。

(3) 现有5名学生,信息包括学号、姓名、年龄、数学成绩、英语成绩、C语言成绩等。试从键盘录入相关信息,并按成绩排序后将结果信息输出到磁盘文件 stuInfo.txt 中。

(4) 有一磁盘文件 employee.txt,其中存放着职工的数据,包括职工的职工号、姓名、年龄、住址、工资、文化程度等信息,现在要查找给定的职工号和姓名的员工是否存在,若存在,则打印相应的信息;若不存在,则输出职工 xxx 不存在的类似信息。

第11章 编译预处理

ANSI C 标准规定可以在 C 源程序中加入以“#”号开头的“编译预处理”命令行，它是 C 语言的一个重要特点，也是区别于其他高级语言的显著特征之一。前面章节中用到的“#include”和“#define”就属于预处理命令。使用预处理命令能够改善程序设计环境，提高编程效率，便于程序的移植和调试。C 语言提供了多种预处理功能，本章介绍常用的预处理功能：宏定义、文件包含、条件编译。

所谓编译预处理，是指在源程序文件中加入编译预处理命令，使 C 编译程序对源程序进行编译前，先对这些特殊的命令行进行预处理，再将预处理的结果和源程序一起进行编译，以生成目标代码文件。预处理是 C 语言的一个重要功能，它由编译系统中的预处理程序完成。合理使用预处理功能编写的程序便于阅读、修改、移植和调试，也有利于模块化程序设计。

11.1 宏 定 义

11.1.1 宏定义简述

在 C 语言源程序中允许用一个标识符表示一个字符串，称为“宏”。被定义为“宏”的标识符称为“宏名”。编译预处理时，对程序中所有出现的“宏名”，都用宏定义中的字符串代换，这称为“宏替换”或“宏展开”。宏定义是由源程序中的宏定义命令完成的。宏替换是由预处理程序自动完成的。在 C 语言中，“宏”分为无参数和有参数两种。下面分别讨论这两种“宏”的定义和调用。

11.1.2 无参宏定义

无参宏定义就是用一个指定的标识符(即宏名)代表一个字符串，宏名后不带参数，它的一般形式为

```
#define  标识符  字符串
```

其作用是用一个指定的标识符代表一个字符串。#define、标识符与后面的字符串之间用空格(可以多个)分隔。其中的#表示这是一条预处理命令。define 为宏定义命令。“标识符”为所定义的宏名。“字符串”可以是常数、表达式、格式串等。前面介绍过的符号常量的定义就是一种无参宏定义。例如，用宏定义命令定义一个符号常量：

```
#define PI 3.1415926
```

它的作用是在程序中用宏名PI替换“3.141 592 6”字符串，就像定义变量一样，为常量也另起一个名字。编译预处理时，以3.141 592 6代替源程序中出现的符号PI(宏展开)。

【例11-1】 输入圆半径，求圆的周长和面积。

程序代码如下：

```
#include <stdio.h>
#define PI 3.1415926
#define L2 * PI * r
#define S PI * r * r
int main()
{
    double r;
    printf("please input the radius of the circle:\n");
    scanf("%lf", &r);
    printf("The circumferenceof the circle is:%lf\n", L);
    printf("The area of the circle is:%lf\n", S);
    return 0;
}
```

运行结果如下：

```
please input the radius of the circle: ↙
3
The circumference of the circle is: 18.849556
The area of the circle is: 28.27433
```

注意：程序中的“#define S PI * r * r”等效于 s=3.1415926 * r * r。

使用宏定义时，要注意以下几点：

(1) 宏名一般习惯用大写，以与变量名区别。

(2) 宏替换只是简单的字符串替换，不作语法检查。

(3) 宏定义不是C语句，末尾不能加“;”。

(4) 宏定义必须写在函数外，其作用域为宏定义命令起到源程序结束。如要终止其作用域，可使用“#undef　宏名”。

(5) 宏名在源程序中若用引号括起来，则预处理程序不对其作宏代换。

(6) 宏定义允许嵌套。在宏定义的字符串中可以使用已经定义的宏名。在宏展开时由预处理程序层层替换。

11.1.3 带参宏定义

C语言允许宏带有参数。在宏定义中的参数称为形式参数。在宏调用中的参数称为实际参数。对带参数的宏，在调用中，不仅要宏展开，而且要用实参代换形参。

带参宏定义的一般形式为

```
#define 宏名(形参表) 字符串
```

带参宏调用的一般形式为

宏名(实参表)

【例 11-2】 用带参宏输入一变量值,输出该变量的平方值。

```
#include <stdio.h>
#define SQ(x) x*x
int main()
{
    int a,sq;
    printf("input a=");
    scanf("%d",&a);
    sq=SQ(a);
    printf("sq=%d\n",sq);
}
```

运行结果为

```
input a=
5↙
sq=25
```

结合此例,使用宏定义时,还要注意以下几点:

(1) 带参宏定义中,宏名和形参表之间不能有空格出现,各形参之间用逗号隔开。

(2) 在带参宏定义中,形参不分配内存单元,因此不必作类型定义。而宏调用中的实参有具体的值,要用它们替换形参,因此必须作类型说明。

(3) 在宏定义中,字符串内的形参和整个表达式通常要用括号括起来,以避免出现二义性;如此例中若实参是表达式时,在定义时应为形参加一括号,否则有时会出现二义性。

(4) 宏展开只是简单的参数替换,不能人为加括号。

(5) 带参数的宏定义与函数的区别:

① 函数调用时先求实参的值,再传递给形参,而宏定义只是简单的实参替换形参。

② 函数调用时分配临时内存单元,而预处理在编译时处理,不占内存单元。

③ 函数要求形参和实参类型一致,宏定义不存在类型的概念。

11.2 文件包含

C语言程序由一个或多个函数段组成,可把一个程序的多个函数分别保存在多个文件上,这样符合程序的模块化设计思想,程序较大时还便于多人分别编写程序。另外,在程序设计中,宏的定义、符号常量、外部变量和通用函数等要经常被多个文件使用,在每个文件中都写上这些命令行显然不是一个好方法,为解决此问题,C预处理程序提供了“文件包含”的功能,为编写程序提供了很大的方便。

所谓文件包含,是指一个文件将另一个文件的全部内容包含进来的处理过程。C语言用“#include”命令实现这一功能,#include命令行的一般形式为:

```
#include <文件名>
```

或

```
#include "文件名"
```

其作用为：在预编译时，预编译程序将用指定文件中的内容替换此命令行。

如果包含文件的文件名使用双引号括起来，编译系统会先在源程序所在的目录中查找指定的文件，如果找不到，再按照系统指定的标准方式到有关目录中查找。如果文件名用尖括号括起来，编译系统会直接按系统指定的标准方式到有关目录中查找此文件。通常情况下，用户定义的包含文件用双引号括起来，存放在源程序所在目录下，而C提供的标准库函数的包含文件则通常用尖括号括起来。

图11-1给出了“文件包含”的含义。在源程序文件 file1. c 中，第一行为文件包含命令“＃include <file2. h>”，其后为其他程序代码C1。编译预处理时，首先找到要包括的文件“file2. h”，然后将 file2. h 文件中的内容C2复制到 file1. c 中“＃include <file2. h>” 所在命令行位置，并替换该命令行。这样，file1. c 中除了自身的内容C1外，还可以使用C2中的内容，因为C2已经作为源程序文件 file1. c 的一部分代码了。编译时，则对经过编译预处理后的 file1. c 作为一个源文件进行编译。

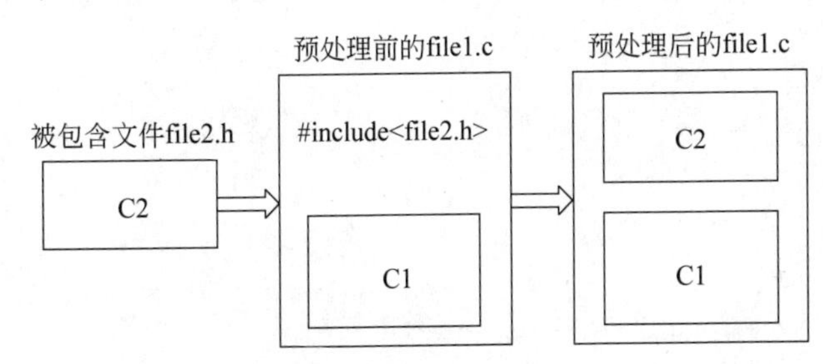

图11-1　编译预处理对文件包含命令的处理过程

事实上，前面各章节中已经使用过文件包含命令。当在源程序文件中需要引用系统提供的系统函数时，必须使用＃include 将该函数所在的文件(库文件)包括到当前文件中。例如，当源程序文件需要使用标准 I/O 函数库中的函数时，必须在源文件开头写上：

```
#include <stdio.h>
```

这样，在编译预处理时，预处理程序将会自动搜索标准 I/O 库的各文件，找到<stdio. h>文件后用其内容替换“＃include <stdio. h> ”命令行。

如要使用相关的数学函数时，则需在源程序文件开头写上：

```
#include<math.h>
```

同理，在编译预处理时，预处理程序将会从标准 I/O 库找到“math. h”文件，然后用其内容替换＃include　< math. h>命令行。

文件 math. h 是C系统提供的数学函数库文件。C集成开发系统中提供了一些常用的函数库文件，如标准 I/O 函数库文件<stdio. h>、数学函数库文件 math. h 及字符串处理函数库文件 string. h 等都是C的函数库。

#include 命令通常写在文件的开头，因此被包含文件也称为“头文件”。头文件一般用“.h”作为文件后缀。为了满足用户需要，C 编译器运行允许用户自己编写头文件，其后缀也不一定用“.h”，用“.c”也可以，如当前文件要包含用户的 test.c 文件，写成：

```
#include <test.c>
```

下面通过例子掌握文件包含的应用。

【例 11-3】 输入圆半径，求圆的周长和面积，要求程序包含用户自定义的头文件。

说明：此程序需要两个文件，一个为用户自定义的头文件(circle.h)；一个为主函数的文件(area.c)，程序代码如下：

1) circle.h

```
#include <stdio.h>
#define PI 3.1415926
float circleArea(float r)                  /*求半径为 r 的圆的面积*/
{  return PI*r*r; }
float circleCircum(float r)                /*求半径为 r 的圆的周长*/
{  return 2*PI*r; }
```

2) area.c

```
#include <stdio.h>
#include "circle.h"
int main( )
{
    float r,l,s;
    printf("please input the radius of the circle:\n");
    scanf("%f",&r);
    l=circleCircum(r);
    s=circleArea(r);
    printf("The circumference of the circle is:%lf\n", l);
    printf("The area of the circle is:%lf\n", s);
    return 0;
}
```

运行结果为

```
please input the radius of the circle:
3↙
The circumference of the circle is:18.849556
The area of the circle is:28.274334
```

本例中，在文件 circle.h 中定义了符号常量 PI 及求圆的面积与周长函数。在文件 area.c 中，因为要使用 scanf 与 printf 标识的输入输出函数，故在程序的第一行使用文件包含命令包含了标准 I/O 库文件＜stdio.h＞；为了避免重复工作，又使用文件包含命令将 circle.h 中的内容包含到本程序文件中，从而可以调用相应的函数求圆的面积与周长。

文件包含命令说明如下：

(1) 一个＃include 命令只能包含一个文件。如果要包含多个文件，则要使用多个＃include 命令。

(2) 文件包含可以嵌套，即在一个被包含文件中又可以包含另一个文件。如在源文件 file1. c 中包含了源文件 file2. h，而在 file2. h 中又包含了头文件 file3. h。

(3) 当被包含文件修改后，必须对包含该文件的源程序重新进行编译链接。

11.3 条件编译

一般情况下，源程序中的所有行都要参加编译，但有时希望只对其中部分内容在满足一定条件下才进行编译，这就是条件编译。

条件编译是根据实际定义宏(某类条件)进行代码静态编译的手段。可根据表达式的值或某个特定宏是否被定义确定编译条件，因而产生不同的目标代码文件。这对于程序的移植和调试很有用，使用条件编译可以减少目标代码的长度，方便程序调试，同时使程序更好地适应不同的系统和硬件，增强了程序的可移植性。C 系统提供的条件编译命令主要有＃if、＃ifdef 和＃ifndef 等。

11.3.1 ＃if 命令

＃if 可以根据事先已给定的条件进行编译，使程序在不同条件下完成不同的功能。＃if 命令的一般形式为

```
#if 表达式 1
    程序段 1
[#elif 表达式 2
    程序段 2 ]
[#elif 表达式 3
    程序段 3 ]
…
[#else
    程序段 n ]
#endif
```

以上语句的作用是：当指定的"表达式 1"的值为"真"时，编译"程序段 1"，否则如果"表达式 2"的值为"真"，则编译"程序段 2"，如果所有的表达式值都为"假"，则编译"程序段 n"，其中用[ ]括起来的内容为可选内容。

【例 11-4】 根据宏 VL 的定义决定是计算球的体积，还是计算球的表面积。

程序代码如下：

```
#include <stdio.h>
#define PI 3.1415926
#define VL1
int main( )
{
    double r, v, s;
```

```
    printf("input the radius:\n");
    scanf("%lf", &r);
    #if VL
        v=4.0/3 * PI * r * r * r;
        printf("The Volume is %lf\n", v);
    #else
        s=4 * PI * r * r;
        printf("The Area is %lf\n", s);
    #endif
    return 0;
}
```

运行结果为

```
input the radius:
5↙
The Volume is 523.598767
```

如果宏定义改为

```
#define VL0
```

从键盘输入5,则输出结果为

```
The Area is 314.159260
```

需要说明的是,如果此程序把条件编译命令去掉,换成只用if语句也能实现相同的功能,但使用条件编译命令因为是部分编译,因此可以减少目标代码的长度,进而可以缩短编译的时间。注意,使用条件编译命令时,#if后面的表达式不能加括号,同样,其后的程序段也不能加括号。

11.3.2 #ifdef命令和#ifndef命令

1. #ifdef命令

#ifdef命令的一般形式为

```
#ifdef 标识符
    程序段1
[#else
    程序段2]
#endif
```

#ifdef的作用是:如果标识符已由#define命令定义过,则编译程序段1,否则编译程序段2。其余部分的具体应用基本与#if相同。

【例11-5】 用#ifdef改写例11-4的程序。

程序代码如下:

```
#include <stdio.h>
#define PI 3.1415926
```

```
#define VL(r) 4.0/3 * PI * r * r * r
int main( )
{
    double r, v, s;
    printf("input the radius\n");
    scanf("%lf", &r);
    #ifdef VL
        v=VL(r);
        printf("The Volume is %lf\n", v);
    #else
        s=4 * PI * r * r;
        printf("The Area is %lf\n", s);
    #endif
    return 0;
}
```

运行结果为

```
input the radius:
5↙
The Volume is 523.598767
```

即例 11-5 的运行结果与例 11-4 相同。

2. ＃ifndef 命令

＃ifndef 的一般形式为

```
#ifndef 标识符
程序段 1
[#else
程序段 2]
#endif
```

＃ifndef 的作用正好与＃ifdef 相反，即若标识符未被定义过，则编译程序段 1，否则编译程序段 2。

【例 11-6】 用＃ifndef 改写例 11-5 的程序。

程序代码如下：

```
#include <stdio.h>
#define PI 3.1415926
#define VL(r) 4.0/3 * PI * r * r * r
int main( )
{
    double r, v, s;
    printf("input the radius\n");
    scanf("%lf", &r);
    #ifndef VL
        v=VL(r);
```

```
        printf("The Volume is %lf\n", v);
    #else
        s=4*PI*r*r;
        printf("The Area is %lf\n", s);
    #endif
    return 0;
}
```

运行结果为

```
input the radius:
5↙
The Area is 314.159260
```

可以看出，执行#ifndef时，因VL标识符已经预定义，因此#ifndef后面的程序段并未编译，编译的是#else后面的语句段。

#ifndef很适合处理声明冲突。例如，有两个C文件，这两个C文件都包含了同一个头文件，编译时，这两个C文件要一同编译成一个可运行文件，于是产生了大量的声明冲突，解决方案是把头文件的内容都放在#ifndef和#endif中。这样，当其他文件有过同名标识符声明时，就不再编译，也就避免了声明冲突。

习　题

1. 将下面程序填写完整，要求计算圆的周长、面积和对应球的表面积(要求用#define)。

```
#include <stdio.h>
__(1)__
int main()
{
    float r,l,s,v;
    printf("input a radius:");
    scanf("%f", __(2)__ );
    l=2*PI*r;
    s=PI*r*r;
    v= __(3)__ ;
    printf("l=%.2f\n s=%.2f\n v=%.2f\n", __(4)__ );
}
```

2. 以下程序的运行结果是________。

```
#include <stdio.h>
#define N  10
#define s(x)  x*x
#define f(x)  (x*x)
int main()
```

```
{
    int i1,i2;
    i1=1000/s(N);
    i2=1000/f(N);
    printf("%d,%d\n",i1,i2);
}
```

3. 以下程序的运行结果是________。

```
#include <stdio.h>
#define MAX(x,y) (x)>(y)?(x):(y)
int main(){
    int a=6,b=2,c=3,d=4,t;
    t=MAX(a+b,c+d)*10;
    printf("%d\n",t);
}
```

4. 输入两个整数,求它们相除的余数,要求用带参数的宏。

5. 定义一个带参数的宏 swap(x,y),以实现两个整数之间的交换,并利用它交换一维数组 a 和 b 的值。

附录A

标准 ASCII 码表

ASCII值	字　符	ASCII值	字　符	ASCII值	字　符	ASCII值	字　符
0	NUL(空字符)	32	(space)	64	@	96	`
1	SOH(标题开始)	33	!	65	A	97	a
2	STX(正文开始)	34	"	66	B	98	b
3	ETX(正文结束)	35	#	67	C	99	c
4	EOT(传输结束)	36	$	68	D	100	d
5	ENQ(请求)	37	%	69	E	101	e
6	ACK(收到通知)	38	&	70	F	102	f
7	BEL(响铃)	39	'	71	G	103	g
8	BS(退格)	40	(	72	H	104	h
9	HT(水平制表符)	41	)	73	I	105	i
10	LF(换行)	42	*	74	J	106	j
11	VT(垂直制表符)	43	+	75	K	107	k
12	FF(换页)	44	,	76	L	108	l
13	CR(回车)	45	−	77	M	109	m
14	SO(不用切换)	46	.	78	N	110	n
15	SI(启用切换)	47	/	79	O	111	o
16	DLE(数据链路转义)	48	0	80	P	112	p
17	DC1(设备控制 1)	49	1	81	Q	113	q
18	DC2(设备控制 2)	50	2	82	R	114	r
19	DC3(设备控制 3)	51	3	83	S	115	s
20	DC4(设备控制 4)	52	4	84	T	116	t
21	NAK(拒绝接收)	53	5	85	U	117	u
22	SYN(同步空闲)	54	6	86	V	118	v
23	ETB(传输块结束)	55	7	87	W	119	w
24	CAN(取消)	56	8	88	X	120	x
25	EM(介质中断)	57	9	89	Y	121	y
26	SUB(替补)	58	:	90	Z	122	z
27	ESC(溢出)	59	;	91	[	123	{
28	FS(文件分隔符)	60	<	92	\	124	|
29	GS(分组符)	61	=	93	]	125	}
30	RS(记录分离符)	62	>	94	^	126	~
31	US(单元分隔符)	63	?	95	_	127	DEL(删除)

附录B

C语言常用关键字

B.1 数据声明关键字	基本类型	char double enum float int long short signed unsigned
	构造类型	struct union
	空类型	int
	类型定义	typedef
B.2 数据存储类别关键字	auto extern register static	
B.3 命令控制语句	分支控制	case default else if switch
	循环控制	do for while
	转向控制	break continue goto return
B.4 内部函数	sizeof	
B.5 常量修饰	const volatile	

附录C

运算符优先级与结合性

优先级	运算符	含义	用法	结合方向	说明
1	()	圆括号	(表达式)/函数名(形参表)	自左至右	
	[]	数组下标	数组名[常量表达式]		
	->	成员选择(指针)	对象指针->成员名		
	.	成员选择(对象)	对象.成员名		
2	!	逻辑非	!表达式	自右至左	单目运算符
	~	按位取反	~表达式		
	+	正号	+表达式		
	-	负号	-表达式		
	(类型)	强制类型转换	(数据类型)表达式		
	++	自增	++变量名/变量名++		
	--	自减	--变量名/变量名--		
	*	取内容	*指针变量		
	&	取地址	&变量名		
	sizeof	求字节数	sizeof(表达式)		
3	*	乘	表达式*表达式	自左至右	双目运算符
	/	除	表达式/表达式		
	%	取余(求模)	整型表达式%整型表达式		
4	+	加	表达式+表达式	自左至右	双目运算符
	-	减	表达式-表达式		
5	<<	左移	变量<<表达式	自左至右	双目运算符
	>>	右移	变量>>表达式		

续表

<table>
<tr><th>优先级</th><th>运算符</th><th>含　义</th><th>用　法</th><th>结合方向</th><th>说　明</th></tr>
<tr><td rowspan="4">6</td><td>＜</td><td>小于</td><td>表达式＜表达式</td><td rowspan="4">自左至右</td><td rowspan="4">双目运算符</td></tr>
<tr><td>＜＝</td><td>小于或等于</td><td>表达式＜＝表达式</td></tr>
<tr><td>＞</td><td>大于</td><td>表达式＞表达式</td></tr>
<tr><td>＞＝</td><td>大于或等于</td><td>表达式＞＝表达式</td></tr>
<tr><td rowspan="2">7</td><td>＝＝</td><td>等于</td><td>表达式＝＝表达式</td><td rowspan="2">自左至右</td><td rowspan="2">双目运算符</td></tr>
<tr><td>!＝</td><td>不等于</td><td>表达式!＝表达式</td></tr>
<tr><td>8</td><td>&</td><td>按位与</td><td>表达式 & 表达式</td><td>自左至右</td><td>双目运算符</td></tr>
<tr><td>9</td><td>^</td><td>按位异或</td><td>表达式^表达式</td><td>自左至右</td><td>双目运算符</td></tr>
<tr><td>10</td><td>|</td><td>按位或</td><td>表达式|表达式</td><td>自左至右</td><td>双目运算符</td></tr>
<tr><td>11</td><td>&&</td><td>逻辑与</td><td>表达式 && 表达式</td><td>自左至右</td><td>双目运算符</td></tr>
<tr><td>12</td><td>||</td><td>逻辑或</td><td>表达式||表达式</td><td>自左至右</td><td>双目运算符</td></tr>
<tr><td>13</td><td>?:</td><td>条件运算符</td><td>表达式 1? 表达式 2:表达式 3</td><td>自右至左</td><td>三目运算符</td></tr>
<tr><td rowspan="11">14</td><td>＝</td><td>赋值</td><td>变量＝表达式</td><td rowspan="11">自右至左</td><td rowspan="11">双目运算符</td></tr>
<tr><td>＋＝</td><td>加后赋值</td><td>变量＋＝表达式</td></tr>
<tr><td>－＝</td><td>减后赋值</td><td>变量－＝表达式</td></tr>
<tr><td>*＝</td><td>乘后赋值</td><td>变量 *＝表达式</td></tr>
<tr><td>/＝</td><td>除后赋值</td><td>变量/＝表达式</td></tr>
<tr><td>%＝</td><td>取模后赋值</td><td>变量%＝表达式</td></tr>
<tr><td>＜＜＝</td><td>左移后赋值</td><td>变量＜＜＝表达式</td></tr>
<tr><td>＞＞＝</td><td>右移后赋值</td><td>变量＞＞＝表达式</td></tr>
<tr><td>&＝</td><td>按位与后赋值</td><td>变量 &＝表达式</td></tr>
<tr><td>^＝</td><td>按位异或后赋值</td><td>变量^＝表达式</td></tr>
<tr><td>|＝</td><td>按位或后赋值</td><td>变量|＝表达式</td></tr>
<tr><td>15</td><td>，</td><td>逗号运算符</td><td>表达式,表达式,…</td><td>自左至右</td><td></td></tr>
</table>

说明：

(1) 同一优先级的运算符,运算次序由结合方向决定。

(2) 运算符记忆顺口溜。

小括中括指向点,("()","[ ]","－＞", ".")

非反后来自加减;(! ～ ＋＋ －－)

负类指针有地址,(－, 类型转换, *, &)

长度唯一右在前。(sizeof ,单目运算,自右至左)

先乘除,再求余,(*, /, %)

加减后，左右移，(+, -, <<, >>)
关系运算左为先。(<, <=, >, >=)
等于还是不等于，(==, !=)
按位运算与异或；(&, ^, |)
逻辑与，逻辑或，(&&, ||)
条件运算右至左。(?:)
赋值运算虽然多，(=, +=, -=, *=, /=, %=, >>=, <<=, &=, ^=, |=)
自右至左不会错；(自右至左)
逗号不是停顿符，(,)
顺序求值得结果。(顺序求值运算符)

参考文献

[1] 布莱恩·克尼汉,丹尼斯·里奇. C程序设计语言[M]. 2版. 北京：机械工业出版社，2019.

[2] 谭浩强. C程序设计[M]. 5版. 北京：清华大学出版社,2017.

[3] 苏小红. C语言大学实用教程[M]. 4版. 北京：电子工业出版社,2017.

[4] 耿红琴，姚汝贤. C语言程序设计案例教程[M]. 北京：机械工业出版社,2015.

[5] 许薇，武青海，李丹. 案例式C语言程序设计教程[M]. 北京：人民邮电出版社，2015.

[6] 李红. C语言程序设计案例教程[M]. 北京：机械工业出版社,2015.

[7] 崔武子,李青,李红豫,等. C程序设计教程[M]. 4版. 北京：清华大学出版社,2015.

[8] 霍尔顿. C语言入门经典[M]. 5版. 北京：清华大学出版社,2013.

[9] 维斯. 数据结构与算法分析：C语言描述[M]. 2版. 北京：机械工业出版社，2004.

图书资源支持

感谢您一直以来对清华版图书的支持和爱护。为了配合本书的使用，本书提供配套的资源，有需求的读者请扫描下方的“书圈”微信公众号二维码，在图书专区下载，也可以拨打电话或发送电子邮件咨询。

如果您在使用本书的过程中遇到了什么问题，或者有相关图书出版计划，也请您发邮件告诉我们，以便我们更好地为您服务。

我们的联系方式：

地　　址：北京市海淀区双清路学研大厦 A 座 701

邮　　编：100084

电　　话：010-83470236　010-83470237

资源下载：http://www.tup.com.cn

客服邮箱：tupjsj@vip.163.com

QQ：2301891038（请写明您的单位和姓名）

资源下载、样书申请

书圈

扫一扫，获取最新目录

课 程 直 播

用微信扫一扫右边的二维码，即可关注清华大学出版社公众号“书圈”。